浪花朵朵

DEYROLLE

戴罗勒 自然科学课

法国戴罗勒之家　著
马由冰　译

海峡出版发行集团 THE STRAITS PUBLISHING & DISTRIBUTING GROUP | 海峡书局

戴罗勒之家由让 – 巴蒂斯特・戴罗勒先生于 1831 年创立，一直致力于通过观察记录自然事物向大众传播知识。戴罗勒之家起初将工作重心放在标本学和昆虫学的研究上，后来逐步开展出版活动，为在校学生出版了众多科教博物画。在这些博物画的帮助下，一代又一代的法国学生学习了动物学和植物学的有关知识，探索了物理的奥秘，认识了人体的基本结构……戴罗勒之家出版的博物画主题多样。从绘有日常生活图景的“直观教学课”系列博物画，到介绍家养动物、野生动物、各类植物、光学和化学知识的博物画，都帮助人们增长了知识，充实了自我。戴罗勒系列博物画以严谨精确的内容和美观大方的绘图闻名，已在世界各地得到广泛使用。时至今日，这些博物画依然具有很高的教育和审美价值。事实证明，戴罗勒之家所秉持的“通过图画进行教学”的理念切实有效地做到了寓教于乐。

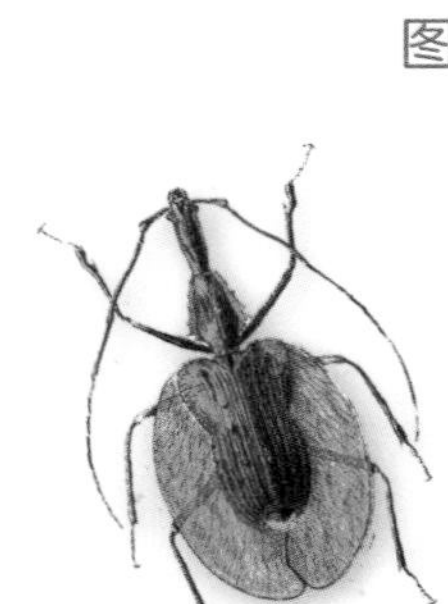

路易・阿尔贝・德・布罗伊

戴罗勒之家主席

目　录

马、驴都是属于马科的草食性哺乳动物。几千年前，人类将野马驯化为家畜。在那之后，它们在交通、农业以及贸易等领域做出了很大的贡献。今天，马科动物在法国主要接受休闲和竞技训练。

马 科

马主要分为两类：挽马和乘马。

在牧场

请仔细阅读剪影上的说明，将书后的贴纸贴到对应的剪影上。

剪影中的马有挽马挽，也有乘马乘，还有不属于这两类的马非。请试着分辨它们并勾选出对应的字。

小贴士：挽马最初是被人类用来拉车和农具的，因此，它们的特点是四肢粗壮有力。
相对而言，乘马更瘦一些，行动更灵活。

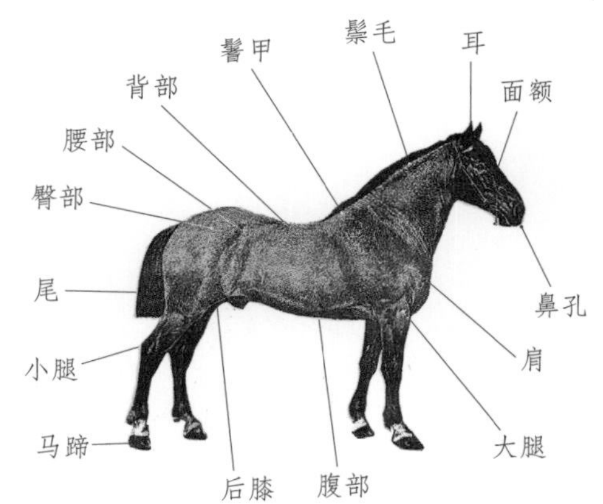

马身体各部位的名称

❶我的脑袋又小又短，方方正正。我的皮毛大多是灰色的。我的耳朵长得很精致，轮廓分明。我的屁股圆圆的，肌肉很发达。

挽◇ 乘◇ 非◇

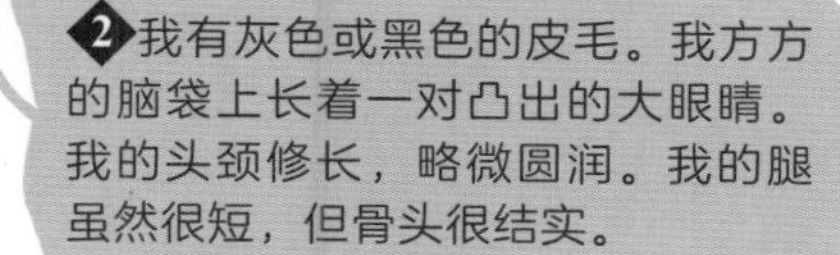

❷我有灰色或黑色的皮毛。我方方的脑袋上长着一对凸出的大眼睛。我的头颈修长，略微圆润。我的腿虽然很短，但骨头很结实。

挽◇ 乘◇ 非◇

❸我的种群里有黑色的伙伴，也有灰色的伙伴。我方方的脑袋上长着一对凸出的大眼睛。我的头颈修长浑圆。我的腿虽然很短，但骨头很结实。

挽◇ 乘◇ 非◇

❹长长的耳朵和眼睛周围的白毛是我的特征。我吃得少，干活快，脑子灵。在交通和贸易领域，你经常可以见到我的身影。

挽◇ 乘◇ 非◇

❺我身材高大，体形修长，毛发较短。我的脑袋十分秀气、棱角分明。我还有4条大长腿。我的脖子又长又直，两肩之间高高隆起。我跑得飞快，动作灵活，是赛马场上的大明星。

挽◇ 乘◇ 非◇

❻我的毛发柔软顺滑。我的关节很细。我的头特别有表现力。我的尾巴长出来的地方比谁都高！

挽◇ 乘◇ 非◇

❼我虽然有点胖，但非常灵活，而且吃苦耐劳。我的腿又纤细又干净。我的皮毛多是棕色的，而鬃毛是金黄色的。

挽◇ 乘◇ 非◇

❽我来自欧洲阿登地区。我的4条腿虽短，但肌肉发达，脚踝上覆盖着浓密的毛。我的皮毛有红棕色的，也有黑色、红棕、白色相间的杂色的。

挽◇ 乘◇ 非◇

❾我的脑袋有点长，脸的轮廓立体方正。我的肩膀笔直，四肢修长，背部略短但十分有力，脖子略短但肌肉发达。我的皮毛的颜色多种多样。

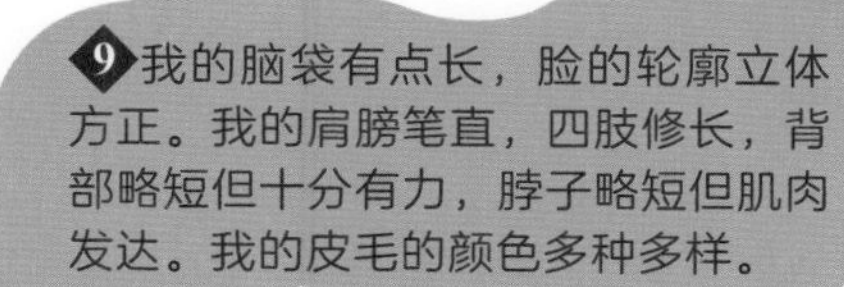

挽◇ 乘◇ 非◇

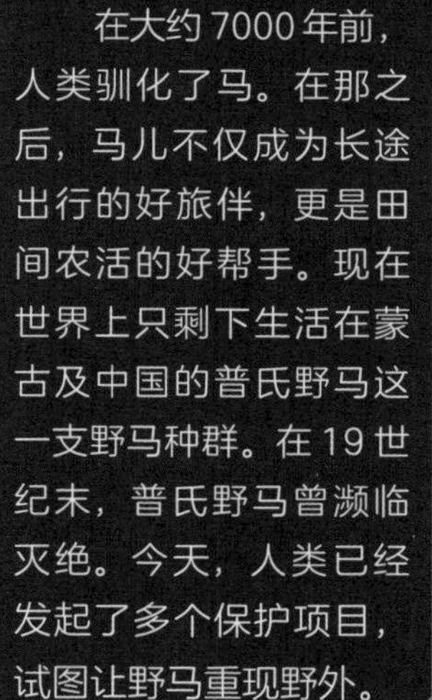

野马

在大约7000年前，人类驯化了马。在那之后，马儿不仅成为长途出行的好旅伴，更是田间农活的好帮手。现在世界上只剩下生活在蒙古及中国的普氏野马这一支野马种群。在19世纪末，普氏野马曾濒临灭绝。今天，人类已经发起了多个保护项目，试图让野马重现野外。

每当人们在农场、空地以及森林中看到报春花属植物开放时，大家就知道春天来了。图中的药用报春花又名黄花九轮草，这种多年生草本植物在法国分布极广。黄花九轮草高 15~30 厘米，它可爱的黄色小花会散发出甜美的香气。

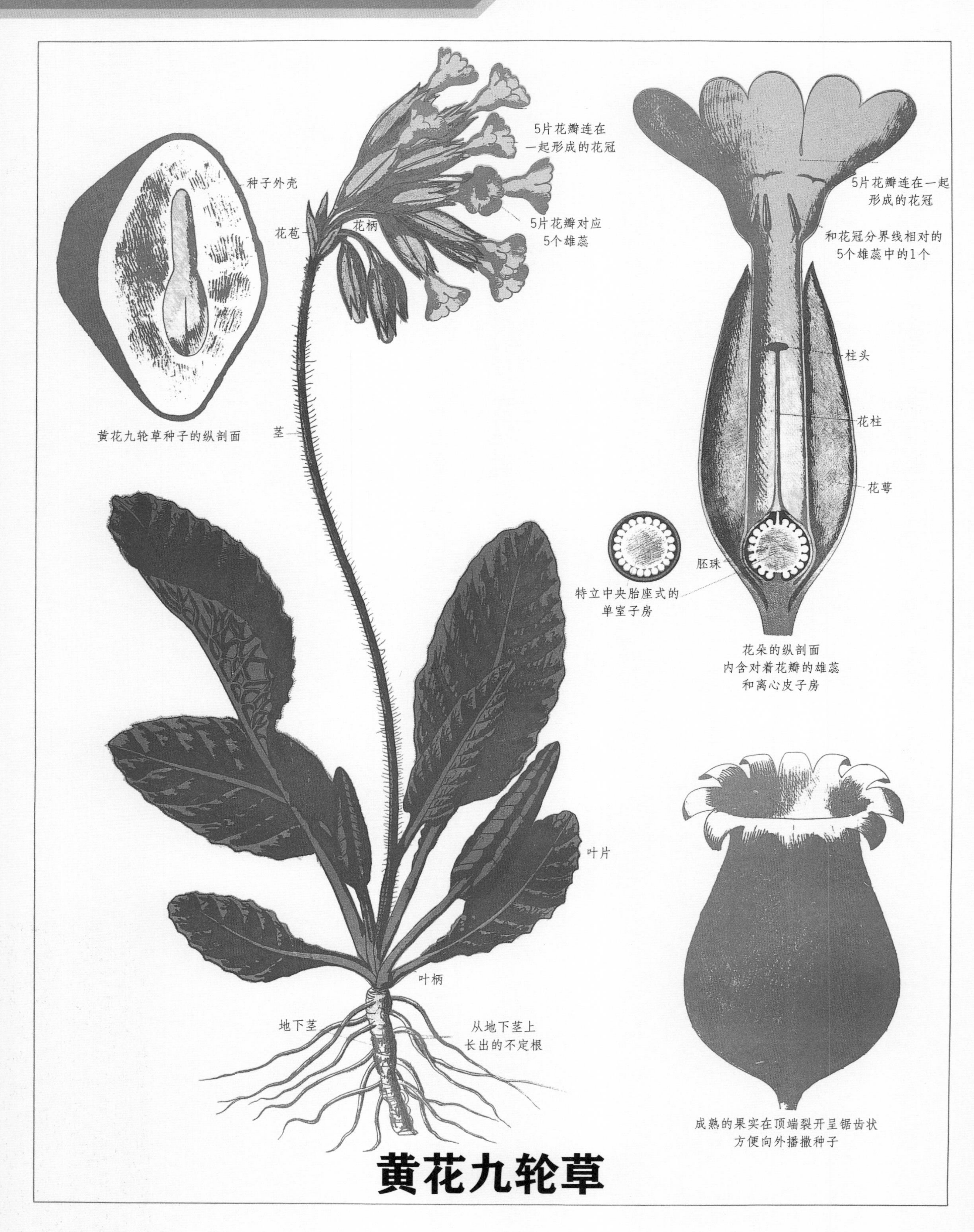

黄花九轮草繁殖得很快，因为它的种子很容易发芽。

乡村花束

请为图中这束美丽的野花涂上各种颜色，你还可以在空白处添上自己心仪的野花。

需成年人在旁指导

制作贺卡

步骤1：制作干花

花朵和叶子

两块纸板

吸水纸

几本厚书

1 将花朵或叶子平铺在一张吸水纸上，再盖上另一张吸水纸。

2 将夹着花或叶的吸水纸放在两块纸板之间。有几朵花就重复这个步骤几次。

3 将夹着吸水纸的纸板放在几本厚书之间。

4 静待一周，直到花朵或叶子完全干燥。

白纸和彩纸

剪刀　　胶水

步骤2：制作贺卡

1 在彩纸上剪出一个 20 厘米 ×20 厘米的正方形，在白纸上剪出一个 14 厘米 ×14 厘米的正方形。

2 将白色方块纸粘到彩色方块纸上，注意将白纸的四个尖角对齐彩纸四条边的中点。

3 将干花或干叶粘到白纸上。

让植物来治愈你

自古以来，人们都会使用植物疗法来治疗病痛，许多药用植物可以用来缓解焦虑、治疗失眠、促进消化或是降温退烧。顾名思义，药用报春花也具有治疗作用。它的花朵能使人放松，根部可以用来缓解呼吸道的不适和感染。因此，人们通常会拿它泡茶来治疗偏头痛和慢性支气管炎。

奶牛、山羊和绵羊生产的奶是对我们健康很有好处的食物。它们所含的钙质能够强健我们的骨骼和牙齿，所含的维生素和脂肪可以为人体提供能量。它们被加工成各种乳制品。你可以喝牛奶和酸奶，也可以吃黄油、鲜奶油、鲜酪和干酪。

法国是仅次于德国的欧洲第二大产奶国。

发愁的农夫

如图所示，A 奶罐的容量为 8 升，里面装满了牛奶。现在有两名农夫想要平分这 8 升牛奶，但他们手上只有一个容量为 5 升的 B 奶罐和一个容量为 1 升的 C 奶罐，要怎么样才能做到每人分到 4 升呢？

小提示：在解决问题的过程中，C 奶罐只需要向其他奶罐倾倒一次牛奶。

动物俗语

请将下列与牛羊有关的俗语补充完整。

1. 初生……不畏虎。
2. ……，为时未晚。
3. 杀鸡焉用……。
4. 挂……卖狗肉。
5. ……出在羊身上。
6. ……不对马嘴。

强健骨骼

乳制品可以提供人们生长发育过程中所必需的钙质，还可以帮助人类骨骼和牙齿保持强健。每天摄入 3~4 份乳制品就能满足人体日常需求。乳制品还富含蛋白质（包括人体必需的氨基酸）、为身体供能的脂类、维生素、乳糖（乳汁中特有的碳水化合物）等营养物质。一般来说，一份乳制品指的是一瓶（碗）牛奶，或一杯原味酸奶，或 20 克埃文达奶酪，或 3 份小瑞士奶酪，或 50 克卡蒙贝尔奶酪（一般是一整块的五分之一）……

制作奶酪

需成年人在旁指导

成品需放在阴凉处保存

1升全脂牛奶

45毫升白醋（大约3汤匙的量）

30毫升冷水（大约2汤匙的量）

1个大碗

2块干净的抹布

平底锅

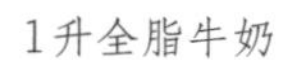

1. 将牛奶全部加热，搅拌直到沸腾，然后立刻调小火。
2. 向牛奶中加入水和醋，加热沸腾后立刻调小火，锅内会逐渐出现乳凝块。继续用小火炖，直至液体和固体分离（约需 5 分钟）。
3. 将平底锅里的混合物倒在盖有抹布的大碗上。
4. 将混合物沥干并将水倒入水槽。用冷水冲洗混合物两次，每次清洗后都需再次沥干。然后静置 30 分钟让水滴干。
5. 将混合物揉成饼状，用干布包裹，再用书本之类的重物压着它。等上几个小时。
6. 就这样，你的奶酪做好了，快来品尝吧！在食用之前，可以适当加入盐和香料，让奶酪更有风味。

花朵在经花粉受精后，它的花瓣便会脱落，逐渐形成水果。水果包裹并保护着植物繁殖需要的种子。虽然水果的食用以生食为主，但它们也可以被制作成水果馅饼、果酱或果泥等美食。

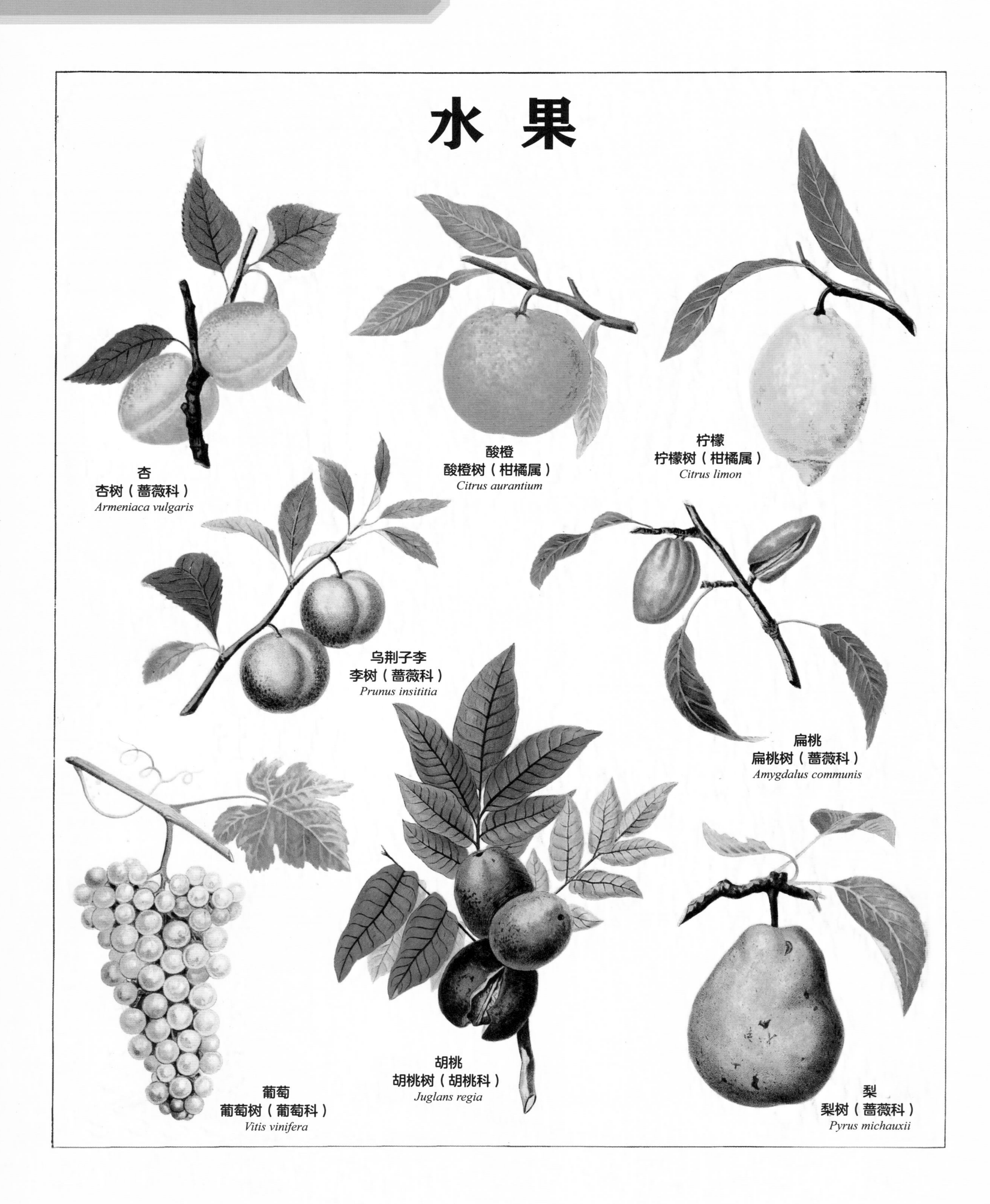

苹果是法国人吃的最多的水果。

时令水果

下表列出了一年中的 4 个季节，请从书后的水果贴纸中选出每个季节当季的水果，贴到对应的季节下。

秋季	冬季	春季	夏季
10月 11月 12月	1月 2月 3月	4月 5月 6月	7月 8月 9月

水果家族

观察贴纸中的水果，具有以下特征的是？

柑橘类水果

……………………………………

……………………………………

红色的水果

……………………………………

……………………………………

浆果类水果

……………………………………

……………………………………

核果类水果

……………………………………

……………………………………

仁果类水果

……………………………………

……………………………………

不是中国原产的水果

……………………………………

……………………………………

为了明天

为了保护环境，人们应当尽量选购当地种植的当季水果。要知道，在温室中种植水果所消耗的能源是在露天种植同等数量水果的 9 倍！飞机、卡车或轮船在运输水果的过程中还会排放出大量二氧化碳。此外，温室中种植的水果在青涩时被采摘，并在冰柜中真正成熟，因此味道较差。在购买水果时，我们应检查水果上的标签或向店主询问水果的产地。

需成年人在旁指导

制作富含维生素的水果奶昔

2人份

1根大香蕉

2~5种应季水果（如1个芒果、2个猕猴桃、一把覆盆子、一把莓果或草莓、2个杏、1个桃子或油桃、1~2片菠萝、3个李子等）

半升脱脂牛奶或半脱脂牛奶或豆浆

冰块

搅拌机

1. 将所有水果削皮去核并切成大块，全部放入搅拌机中。其中香蕉对保证水果奶昔的黏稠度很重要。
2. 加入牛奶，如果你喜欢冷饮，可以适当加入冰块。
3. 持续搅拌直至水果块完全消失。
4. 将水果奶昔倒入杯中，尽情享用吧！

叶子是植物的呼吸器官。植物通过叶子吸收二氧化碳并释放氧气，这就是光合作用。花是植物的繁殖器官，它使植物的生命得到延续。

叶

叶是植物的主要器官之一，
呼吸作用、光合作用（吸取营养）、蒸腾作用等基本生命功能都由它行使。

单叶　　复叶

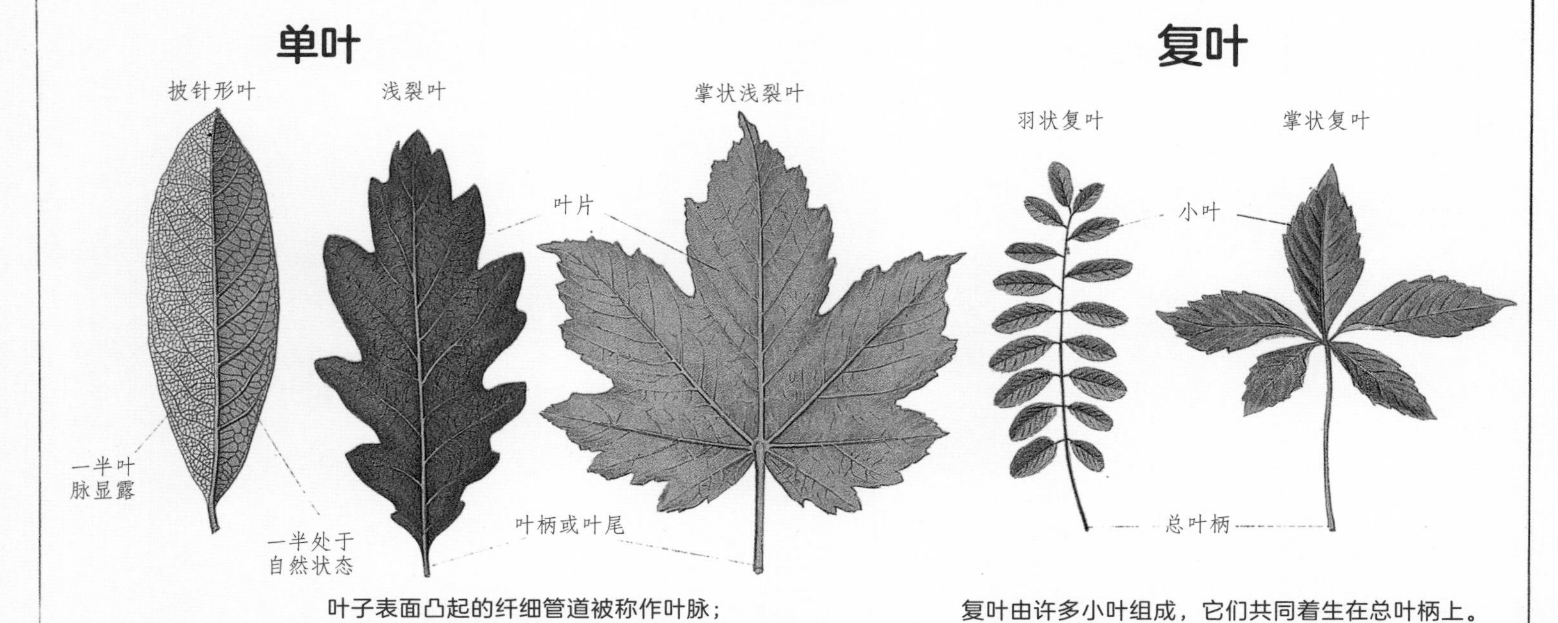

叶子表面凸起的纤细管道被称作叶脉；
它是输送树液的器官。

复叶由许多小叶组成，它们共同着生在总叶柄上。

花

花是植物的繁殖器官，种子就是在这里产生的。

一朵完整的花

花的纵剖面

雌蕊发育形成果实，胚珠发育形成种子。

雄蕊是生产花粉的器官，
雌蕊是接受花粉的器官。

花萼是包在花
最外层的结构。

食虫植物以昆虫为食，它们会将虫子吸引到自己身边，然后突然吞下并消化猎物。

秋天的颜色

请用秋天的色调为这些树叶涂上颜色。

树叶并不是一年四季都是绿色的。随着气温降低，白天的时间越来越短，植物的汁液不再向上输送，而是留在根部。由此，叶子产生的叶绿素也随之减少，失去了原有的绿色外观。根据种类的不同，叶子会变成红色、黄色、赭石色、橘黄色、棕色……然后飘落到地面上。

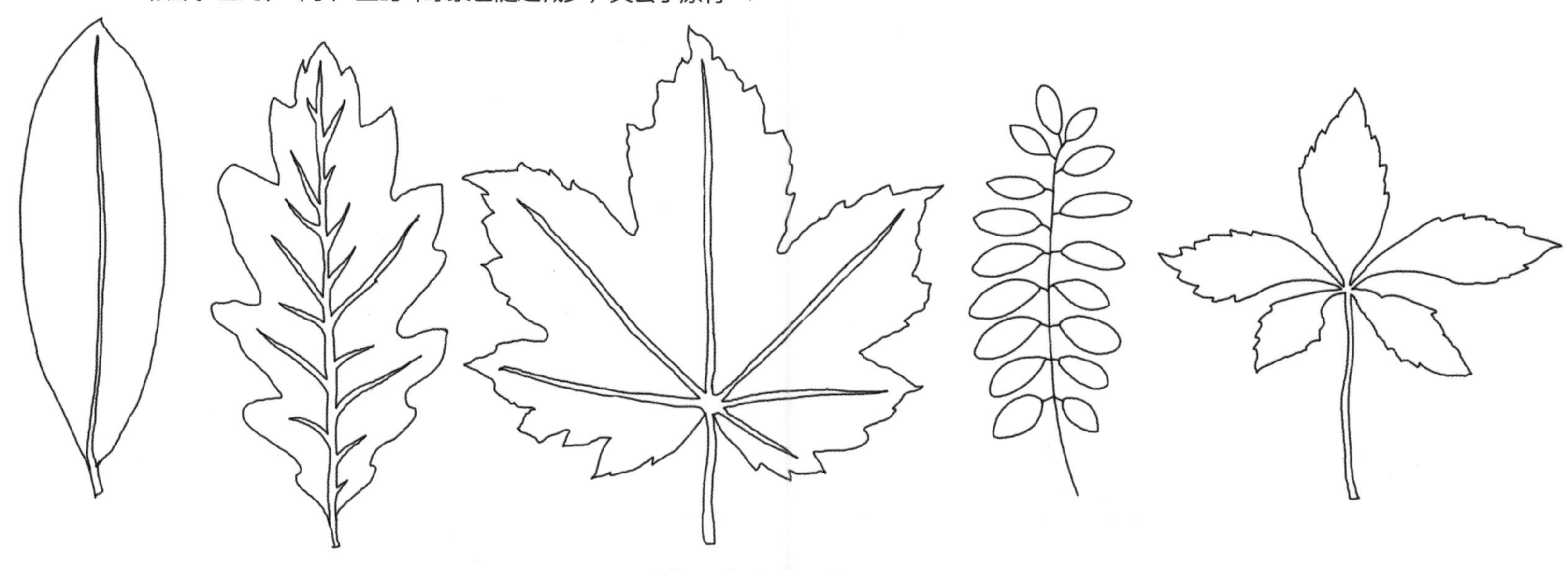

叶子配对

请仔细观察以下叶子，并将成对的圈出来。请注意，其中只有 1 片叶子是孤零零的。

制作紫罗兰糖浆

需成年人在旁指导

6人份

500克紫罗兰花

1升水

1千克砂糖

1. 将紫罗兰花瓣和沸水依次倒入容器中，盖上盖子浸泡 24 小时。
2. 将过滤后的液体倒入平底锅中加热，加入砂糖，让它慢慢融化。记得给平底锅盖好盖子，以免紫罗兰香气散逸。
3. 一旦糖全部融化，关火，将糖浆静置直至冷却，其间仍然盖着盖子。再次过滤并倒入瓶中装好。

餐桌上的花

以下是一些可供食用的花的品种（注意，不是什么花都能吃！）：紫罗兰、薰衣草、玫瑰、西葫芦花、旱金莲（味道有点接近加了胡椒的刺山柑花蕾）、天竺葵、黄花九轮草、矢车菊、风信子、虞美人、蒲公英、丁香、三色堇……鲜花应该是未经处理的。

灵长目动物属于哺乳动物，由两个大的群体组成：包含懒猴和狐猴的原猴亚目，以及类人猿亚目（包含各种猴、猿和人类）。灵长目动物的视力很好，但视线只能覆盖身体的正前方。它们的四肢都有 5 个指头，包括一个与其他指头相对的大拇指或是脚趾，这方便它们拿东西。

野生灵长目动物主要分布在赤道地区、热带地区以及亚热带地区。

香蕉去哪儿了

请在图中的 3 条路中找到正确的那条，帮助黑猩猩找到它丢失的香蕉吧。

1
2
3

谁偷了香蕉

实际上，香蕉不是黑猩猩搞丢的，而是被另一种灵长目动物藏了起来。
大猩猩看到了事情的全过程，请从它的话中推断出犯人是谁。

黑猩猩

黑猩猩和大猩猩、红毛猩猩一样同属灵长目。黑猩猩一般生活在 20~150 个同类组成的混合社区中。它们既可以在地上活动，也可以在树上活动。黑猩猩很聪明，它们懂得如何使用工具，如用石块来砸开坚果。

木材是一种在工业领域被广泛使用的材料，可用于造纸、供暖、建筑、家具、装饰等领域。有多少种树木，就有多少种木材。每一种木材都有自己的特质，它们有的富有光泽，有的色调明朗，有的色调深沉，有的防水防霉，有的自带香味……

木 材

 **椴木** 用于高级木器、钢琴以及机器模型的制作	 **杨木** 用于家具、包装材料以及木雕的制作	 **橡木** 用于船只、细木工制品、高级木器、木雕、房屋构架、汽车车身以及鞣革的制作	 **栗木** 用于木桶、室内家具、细木工制品、木盒以及筛斗的制作	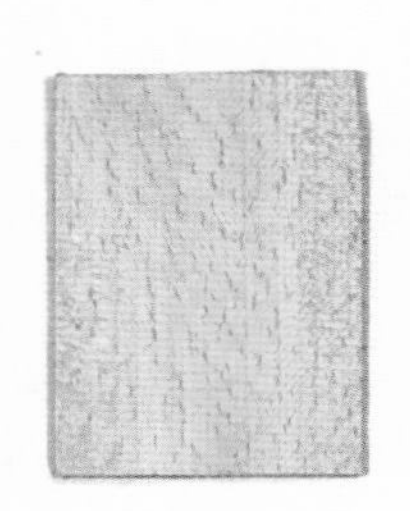 **榉木** 用于汽车车身、室内家具、木雕、筛斗、木箱以及成套工具的制作	 **榆木** 用于汽车车身以及木雕的制作
 **梨木** 用于高级木器、木雕、科学仪器以及乐器的制作	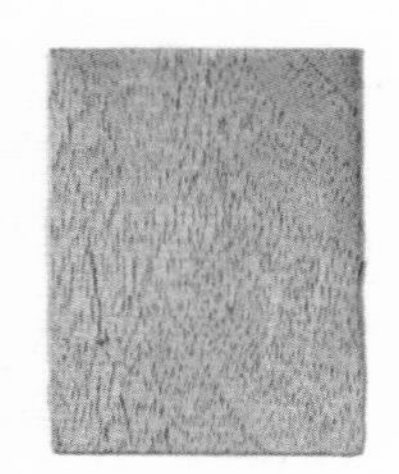 **胡桃木** 用于高级木器、火枪、室内家具、汽车车身以及木雕的制作	 **挪威槭木** 用于高级木器、木雕以及钢琴的制作	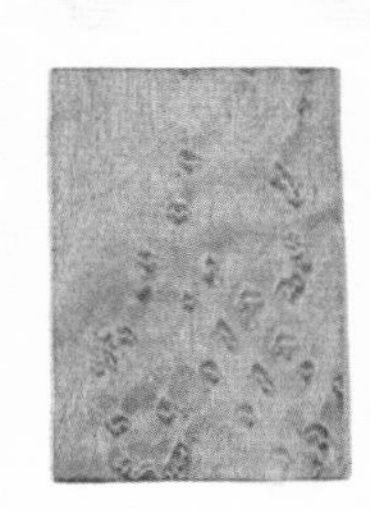 **槭树瘤** 用于高级木器的制作	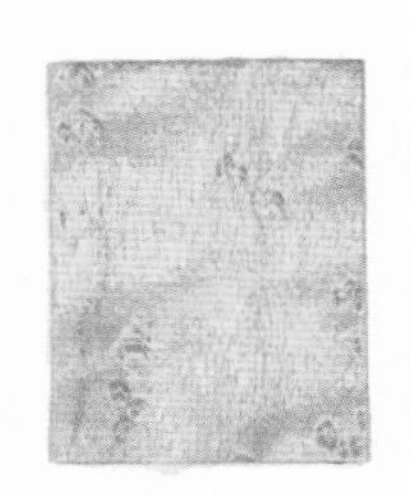 **糖槭木** 用于高级木器的制作	 **欧洲七叶木** 用于高级木器的制作
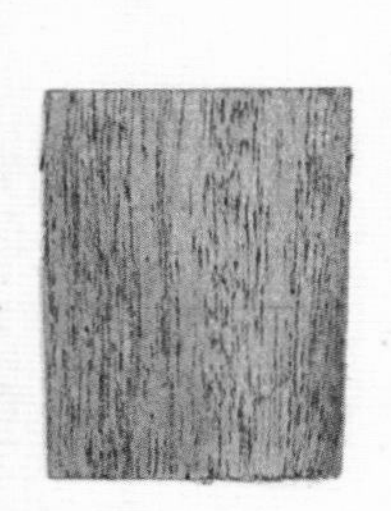 **桃花心木** 用于室内家具、高级木器以及木雕的制作	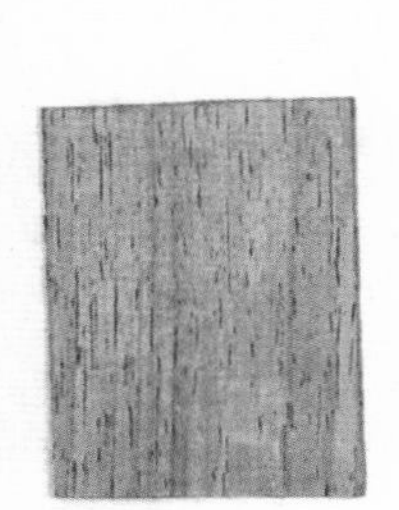 **红木** 用于室内家具、高级木器以及木雕的制作	 **乌木** 用于室内家具以及高级木器的制作	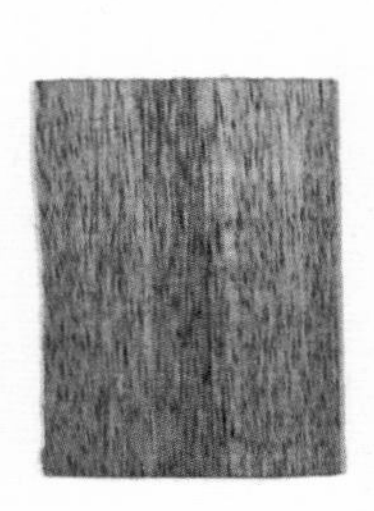 **刺片豆木** 用于印染业	 **雪松木** 用于室内家具以及高级木器的制作	 **非洲楝木** 用于室内家具以及高级木器的制作
 **黑胡桃木** 用于高级木器、室内家具以及木雕的制作	 **柚木** 用于船只的制造	 **金合欢木** 用于汽车车身、木雕、音叉以及琴颈的制造	 **杜鹃木** 用于木雕、高级木器以及汽车车身的制作	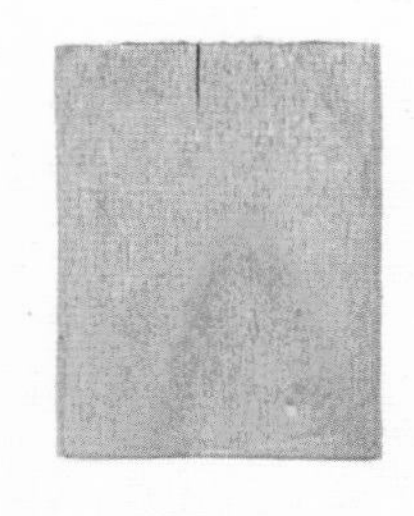 **一球悬铃木** 用于钢琴、高级木器以及木雕的制作	 **三球悬铃木** 用于木雕以及高级木器的制作

为了获得坚固的木板或木梁，必须从树干的中心部位切割。

七巧板

在书后的贴纸中，你能找到 2 块被预先裁剪成 7 种不同几何形状的正方形贴纸。
你可以利用这些七巧板拼出各种造型，如小鸟、兔子、母鸡、松鼠和溜冰的人等，尽情发挥你的想象力吧！

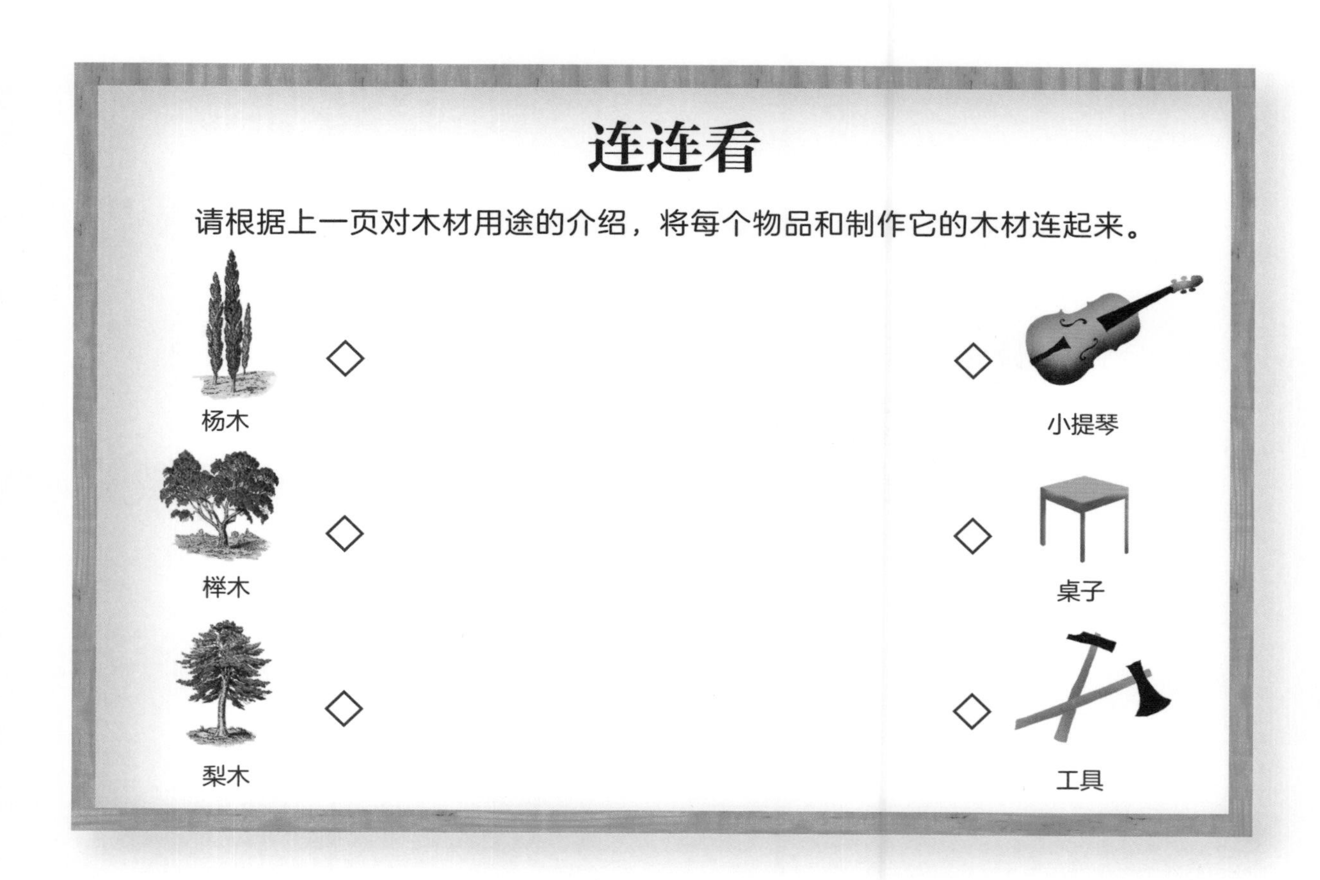

连连看

请根据上一页对木材用途的介绍，将每个物品和制作它的木材连起来。

可持续森林

森林是一个脆弱的生态系统，在使用木材的同时，人类也应考虑到森林的可持续发展。你可以购买带有 PEFC 或是 FSC 标志的被认证的木材，这些木材通常来自可持续森林。

鲸下目动物是一种生活在海洋中的哺乳动物。迄今为止人类已发现 80 多种鲸下目动物。和鱼类不同的是，它们通过肺部呼吸，需要时不时浮到海面上透气。鲸下目动物的身体光滑，呈流线型，可以轻松地在海中游动。鳍足亚目动物是一种肉食性哺乳动物（现已归入食肉目），分为海狮科、海象科和海豹科。

与鲸下目动物不同，鳍足亚目动物会从海里出来，到岸上交配并产下后代。

马戏团里的北海狮

无论是在海洋中，还是在陆地上，北海狮都是那么灵巧。下图中这只北海狮的鼻子上少了正在顶的球，快为它添上吧。你还可以装饰它脚下的表演台，并为它设计一套特别的服装（花领子或是帽子都不错）。尽情发挥你的想象力吧！你可以自己动手画，也可以用书后的贴纸贴。

1，2，3……开始

真海豚、一角鲸和鼠海豚正在进行游泳比赛。沿着它们各自的线路出发，看看它们到达终点的顺序吧！

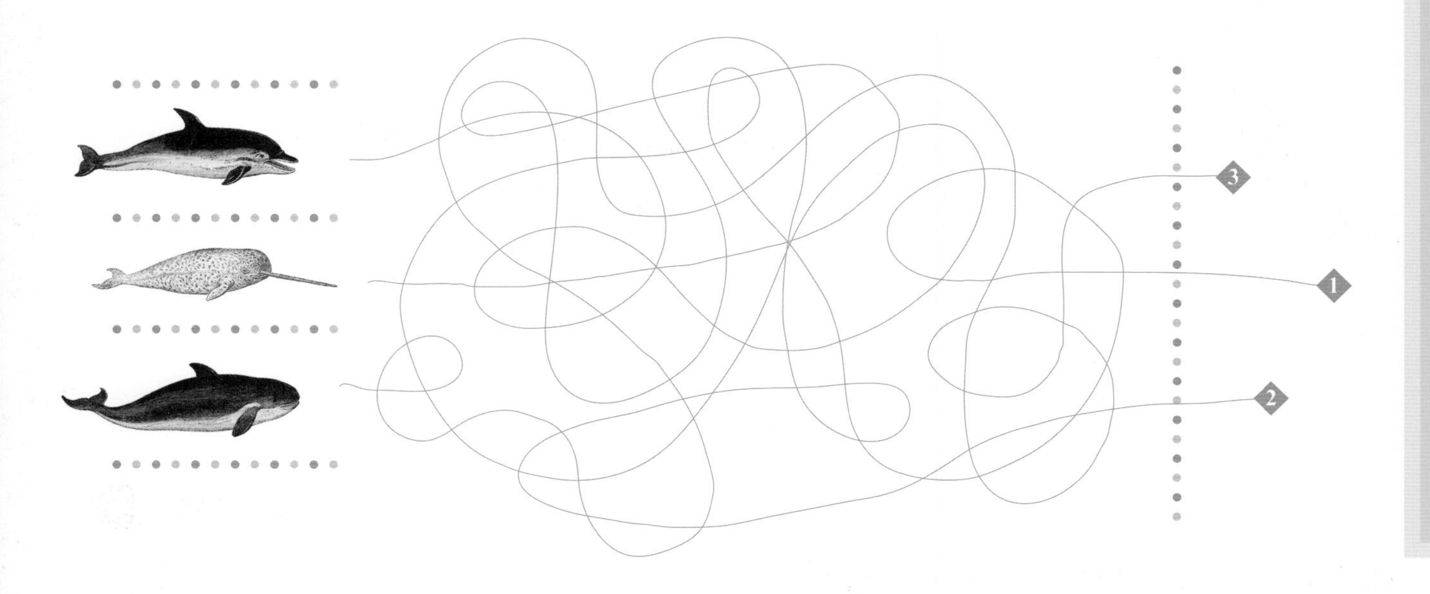

北海狮

北海狮栖息在太平洋海域。在加利福尼亚、阿拉斯加以及日本等地都能见到它们的身影。从 20 世纪初开始，人们为了保护渔业资源而大规模捕杀北海狮，有 55 000 只北海狮在此期间丧生。原本一个繁殖地每年夏天能迎来 1200 只新生北海狮，到了 20 世纪中叶，这一数量锐减至 10 只。1970 年，北海狮被列入保护动物的行列。根据最新研究，北海狮的数量自 20 世纪 90 年代以来再一次处在增长状态。

蜥蜴、蛇和乌龟都是爬行动物。虽然它们看起来非常不同，但它们身上有两点相同的特征：皮肤都覆盖着鳞片；都是冷血动物，喜欢在阳光下一次晒上几个小时。两栖动物幼体的外貌和成年体完全不同。它们既能在陆地上生活，也能在水中生活。

爬行动物一生下来就能自己进行捕食。

伪装的避役

避役又称变色龙，会根据自身所处环境的不同而改变身体的颜色，这是为了躲避可能存在的捕食者而采取的伪装技巧。请根据这些避役所处的背景颜色，为它们涂上相应的颜色吧！

别搞错了

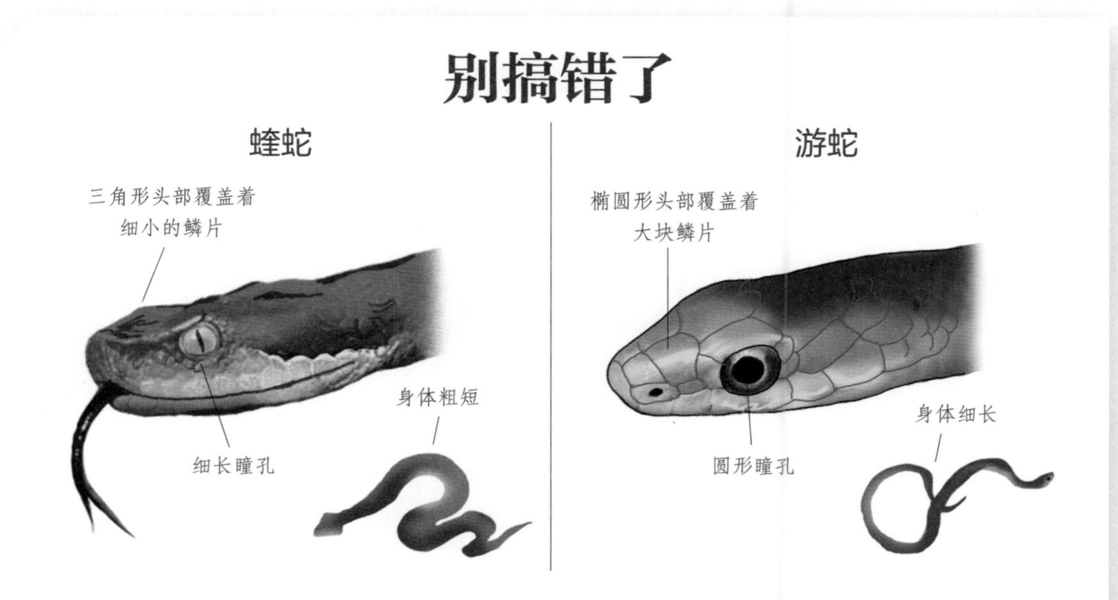

当你在野外行走时，可能会遇上游蛇或是蝰蛇。游蛇没有毒性，而蝰蛇则有致命的危险。因此，重要的是要知道如何区分它们，以便调整你的行为。

濒危爬行动物

2009 年，世界自然保护联盟（IUCN）将 1677 种爬行动物列为受威胁物种，这约占目前世界爬行动物的 28%。这份被称为“红色名录”的清单增长迅速，在公布的第 2 年又增加了不少于 293 种动物。这些爬行动物中有 469 种已经濒临灭绝。爬行动物面临的威胁是多方面的：偷猎、破坏栖息地、公路建设、引进外来物种等。

在众多食用类植物中，豆科植物的果实被包裹在豆荚之中。人们在食用豆科植物时，通常会将它们的果实煮熟而非生食。人们将这类营养丰富的食用类植物称为豆类，包括蚕豆、菜豆、兵豆、豌豆等。

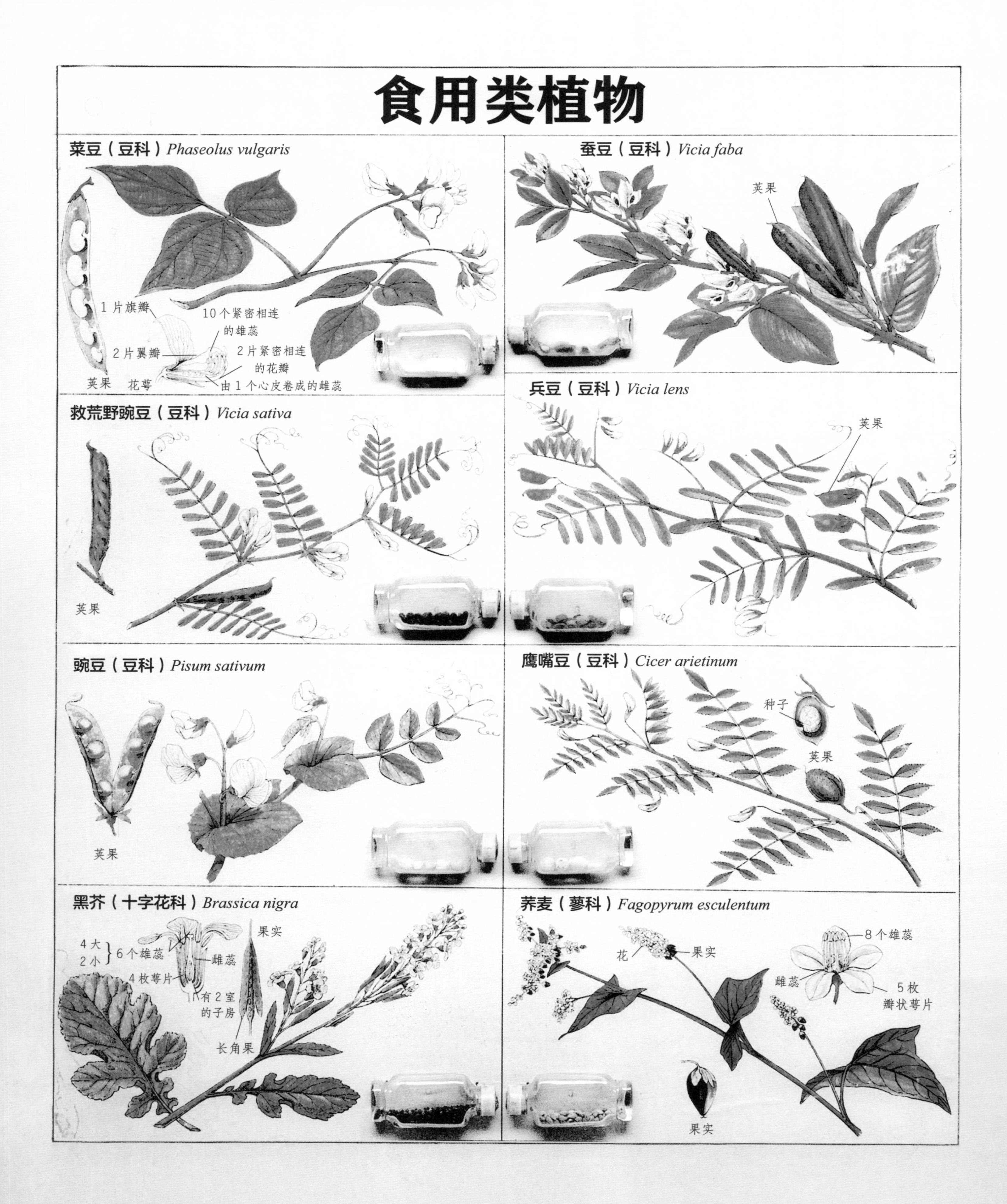

印度是世界领先的豆类生产国和进口国。

收获季来了

请参考上一页的博物画，试着在横线上写出下列 3 种植物的学名。

1 ....　2 ....　3 ....

看谁算得快

A 瓶中有 25 粒种子，B 瓶中种子的数量是 A 瓶和 C 瓶的总和。D 瓶中有 200 粒种子，是 C 瓶的 10 倍。那么 B 瓶和 C 瓶中究竟装了多少粒种子呢？

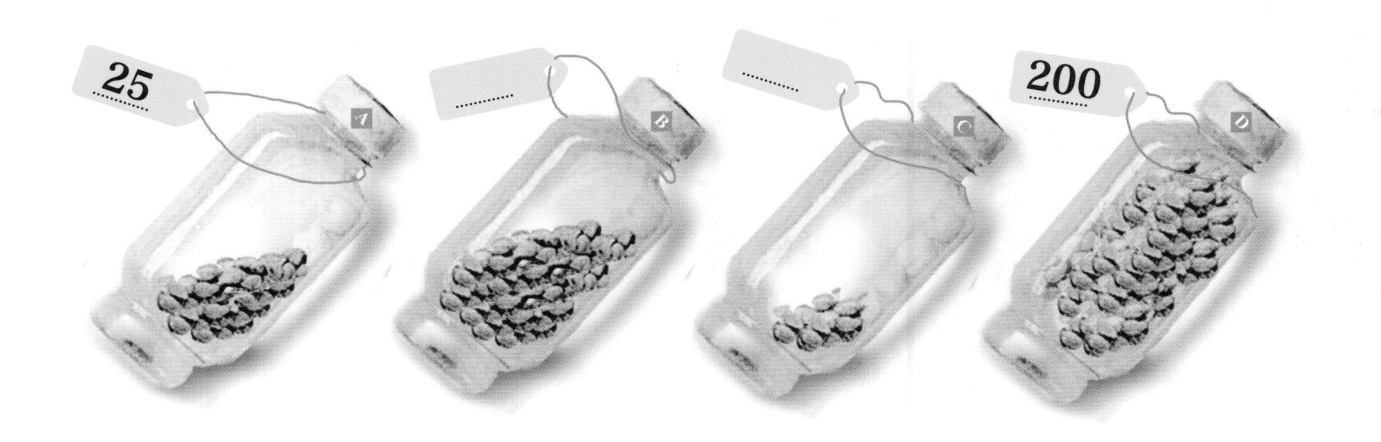

素食饮食

在包括印度在内的许多国家，豆类植物（如兵豆、豌豆、菜豆、大豆等）是主要食物之一。在法国，豆类植物一度被忽视，却在近些年越来越受到人们的欢迎。这是因为豆类营养丰富，对健康很有好处。豆类富含碳水化合物和蛋白质，是一种极好的能量来源。豆类的脂肪含量很低，而且不含饱和脂肪酸和胆固醇。除此之外，豆类还富含膳食纤维、维生素和矿物质。

在日常生活中，糖的形态多种多样：有糖块、糖粉、糖浆。人们常用糖来增加饮料、酸奶和蛋糕的甜度。可你知道糖是从哪儿来的吗？所有种类的植物都会产生糖，但数量有多有少。甜菜和甘蔗含有很高的糖分，因此它们被大量种植。

甜菜的糖分集中在根部，含糖率约为 18%。

算算有多重

1 块方糖重 20 克。1 个梨的重量相当于 6 块方糖，也相当于 2 个橘子。那么 1 个橘子有多重？

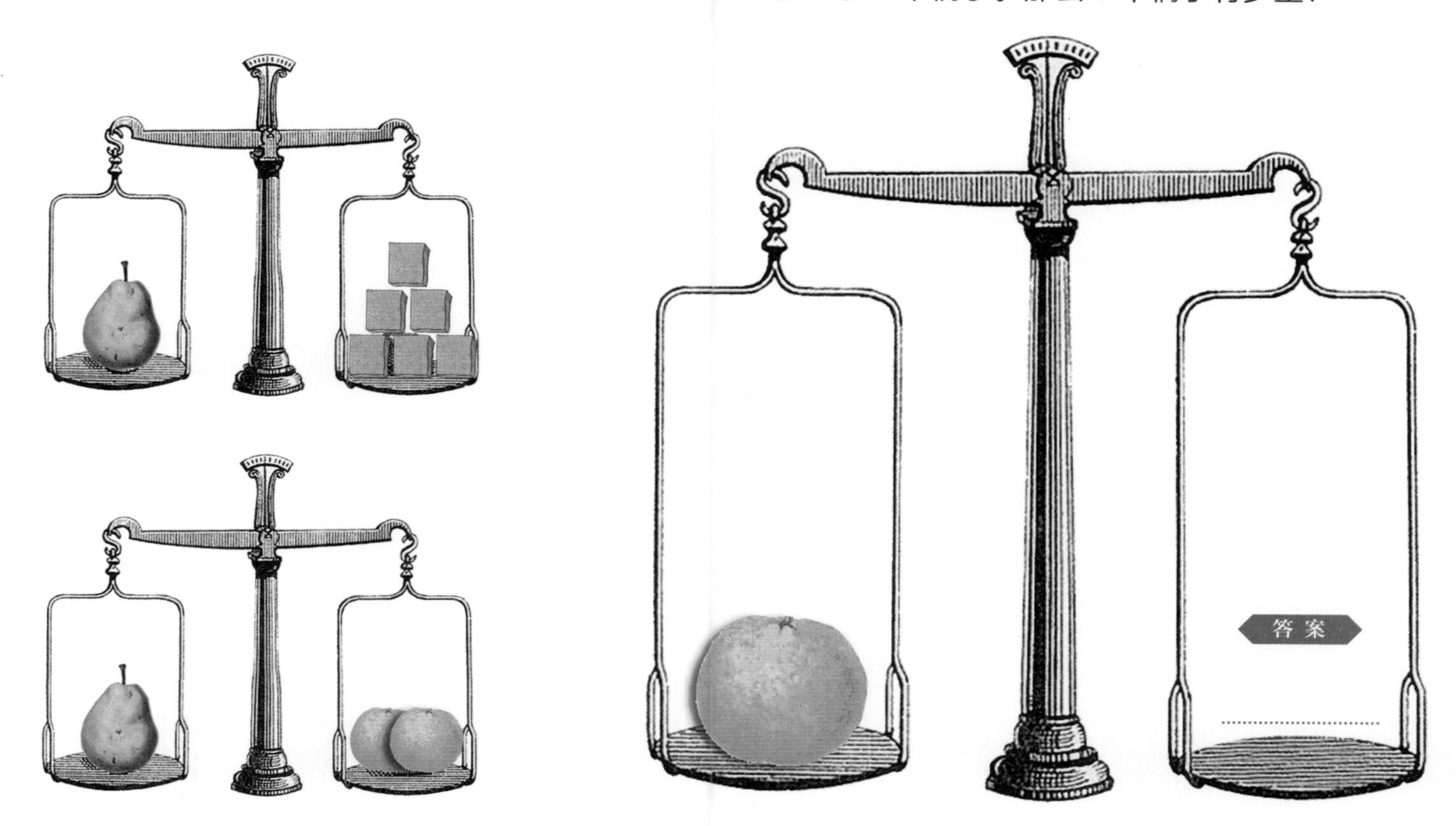

有几块小方糖

在这个方糖块中，一共有多少块小方糖？注意，有些小方糖被藏了起来。

答案 ....

制作“可以吃的动物”

需成年人在旁指导

制作杏仁蛋白软糖动物

250 克糖粉

250 克杏仁粉

2 份蛋清

食用色素

配料：巧克力片、椰枣、榛子、甘草丝、杏仁、核桃仁

1. 将杏仁粉和糖粉在碗中混合。
2. 加入蛋清，搅拌均匀，直到得到一个看起来像橡皮泥的面团。
3. 加入几滴食用色素，让面团干燥几个小时。
4. 借助其他配料，塑造可爱的小动物造型（蜗牛、老鼠等）。

支持还是反对

糖在我们的饮食中至关重要，因为它能提供葡萄糖，是身体和大脑运转的重要燃料。然而，如果人们食用糖分过量，它就会加快蛀牙产生，导致体重增加。以下是一些控糖小建议：不在酸奶中加入过多的糖；只在特殊场合饮用含糖苏打水或饮料；用新鲜水果替代甜品；只在节日食用蛋糕、甜面包和糖果；在下午茶时间，用巧克力、果酱和奶酪配面包。

你在吃早餐时会喝什么饮料？茶、咖啡还是热巧克力？这 3 种饮料来源于不同的植物。茶是由干燥的茶树叶制成的；咖啡是由咖啡树的种子经过干燥和研磨后获得的；巧克力是将水或牛奶和可可粉混合，再把混合物和糖一起制成糊状得到的。而可可粉是可可树的种子经过发酵、烘焙和研磨后生产出来的。

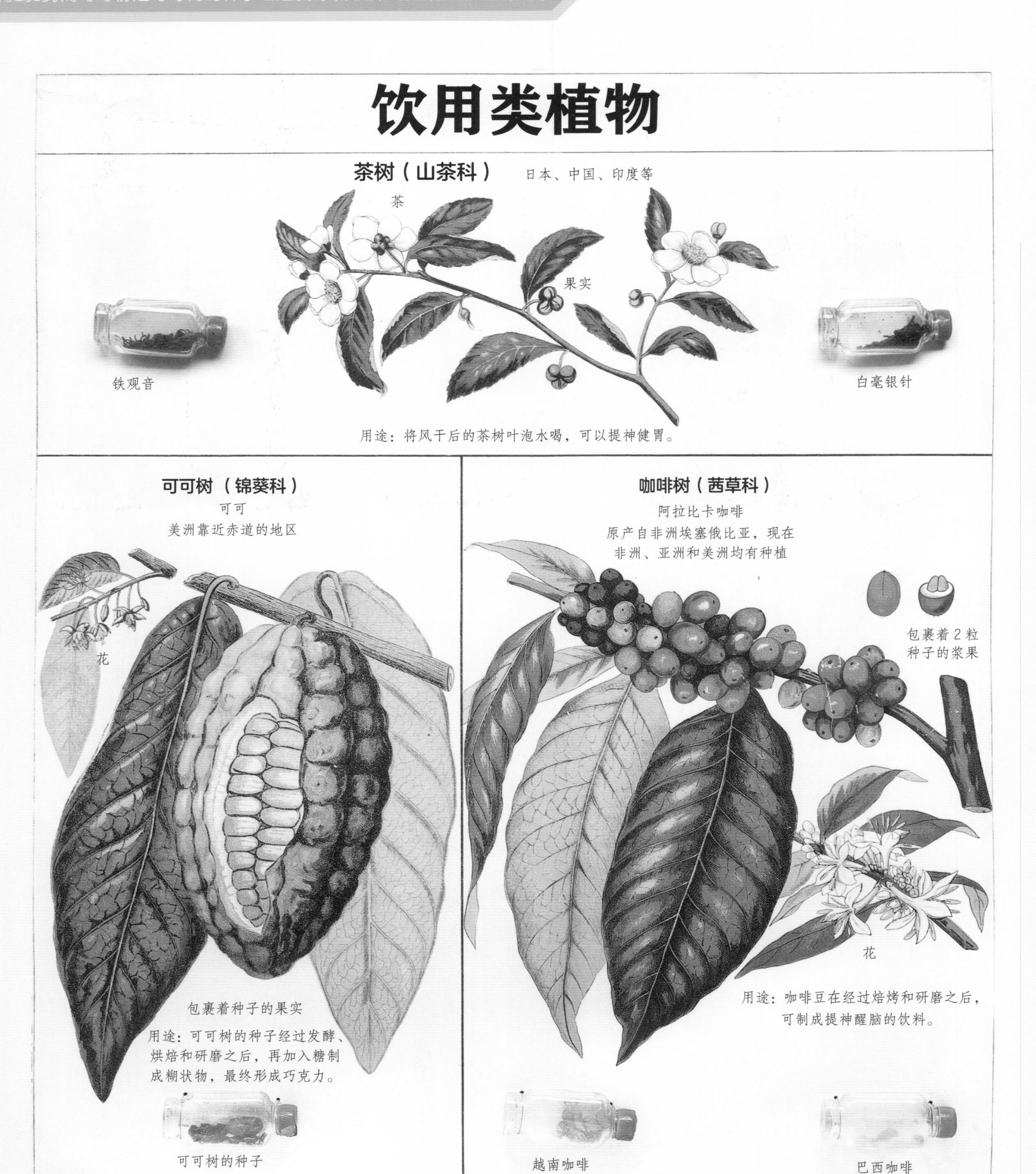

生长在高海拔地区的阿拉比卡咖啡豆，泡出来的咖啡芳香四溢、口感柔和；而生长在平原或潮湿地区的罗布斯塔咖啡豆，泡出来的咖啡则风味浓郁、提神醒脑。

穿越迷宫

请按照给出的小图的顺序，从一个方格水平或垂直移动到另一个方格，直到穿越这个迷宫。

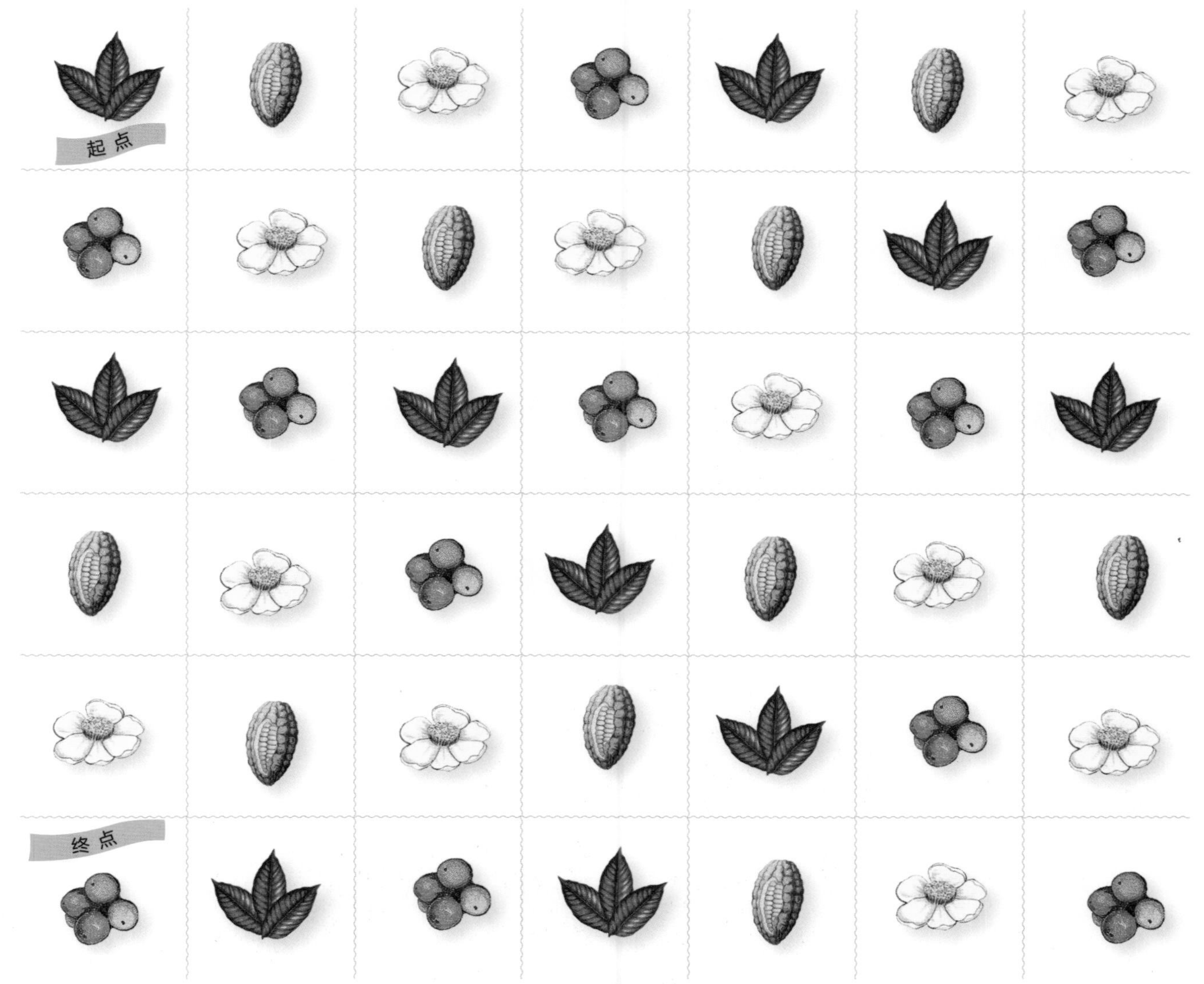

猜猜我是谁

请依次写出下图中 3 种饮料的名字。

1 ________ 2 ________ 3 ________

请用所给词语填空，完成对 3 种饮料的描述：

浓郁的、甜美、早餐、玛雅人、孩子们、流传、牛奶、提神、令人兴奋的、绿色、英国、蛋糕、下午茶

我有黑色、红色、白色和________的样子。你可以在一天中的任何时候喝我。在________，人们一般在一个特定的时间享用我，他们还会配上________一起享用。在某些国家，我的制备过程已经变成了一门艺术，我也是世界上________最广的饮品。

我出生在南美洲。早在 14 世纪，阿兹特克人就爱上了我，之后是________。人们一般在早餐和________的时候喝我。无论在什么时候，我温和又________的口味使我成了________最喜欢的热饮。

我出生在埃塞俄比亚，人们在________时喝我，因为我可以________。我可能是回味悠长的、________或是甜美的。如果人们将我和________混合，我会变成浅棕色的。当时间到了傍晚，就不应该喝我了，因为我是________。

消失的阿拉比卡咖啡豆

英国皇家植物园 2012 年的一项研究预测：由于全球气候变暖导致的长期干旱或暴雨，阿拉比卡咖啡豆将在 21 世纪末消失。阿拉比卡咖啡豆的产量占全世界咖啡豆产量的 60%。它的消失不仅是生态系统的一场灾难，对于巴西、苏丹、埃塞俄比亚等主要产地更将是一次沉重的打击。

鱼类是生活在水中的脊椎动物，从淡水（河流、池塘等）到咸水中都能见到它们的身影。鱼类的大小各有不同，从 16 米的鲸鲨到几毫米的小鱼都有。鱼类依靠鱼鳍移动，通过鳃吸收溶解在水中的氧气。

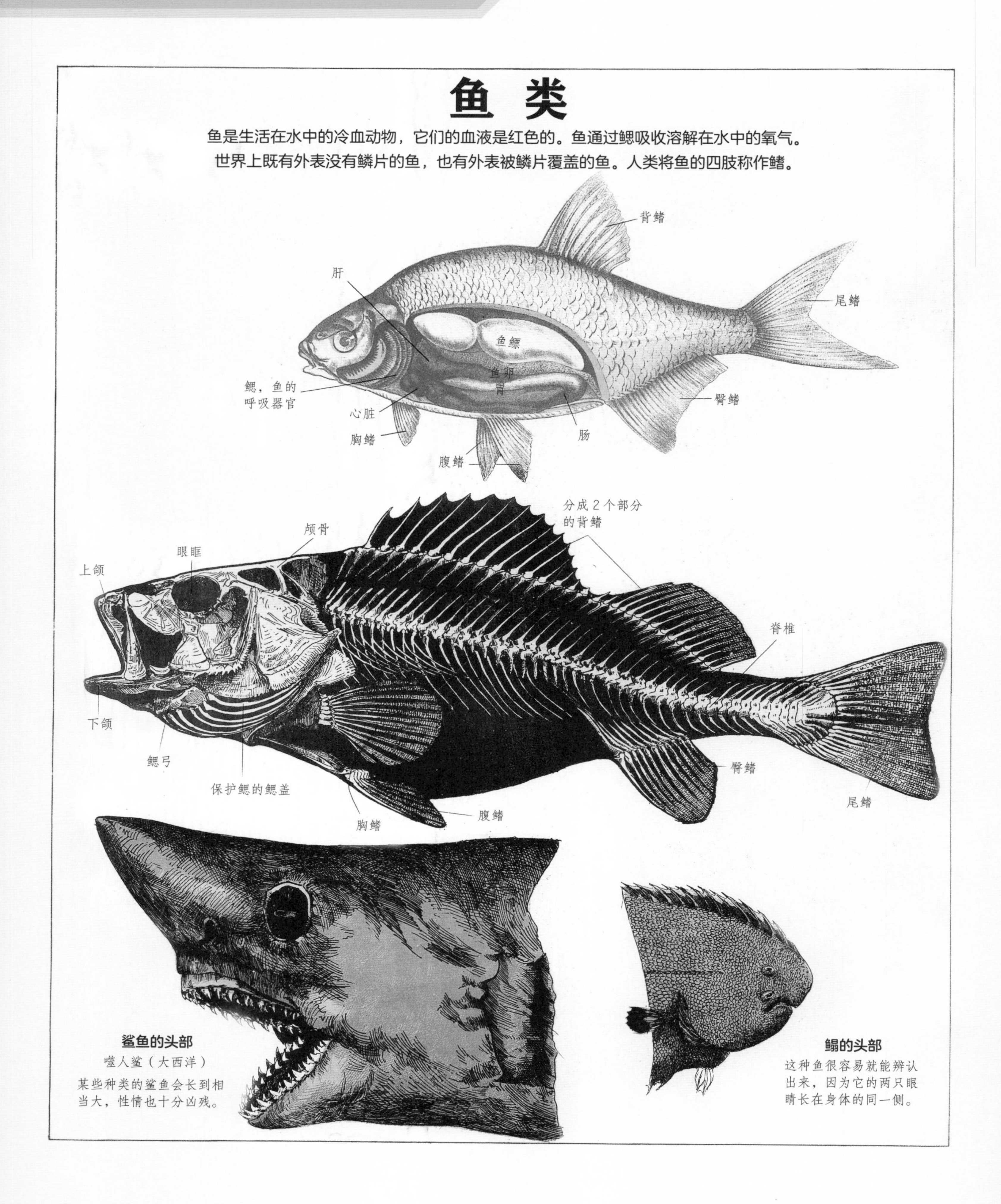

通过调整鱼鳔内空气的含量，鱼类可以毫不费力地浮出水面或是潜入水底。

咕噜咕噜

请发挥你的想象力，在下图的鱼缸中画上各种不同的鱼：大的、小的、扁的、圆的、彩色的……

钓鱼啦

这些鱼的剪影中哪些是成对的？请找出来连在一起。

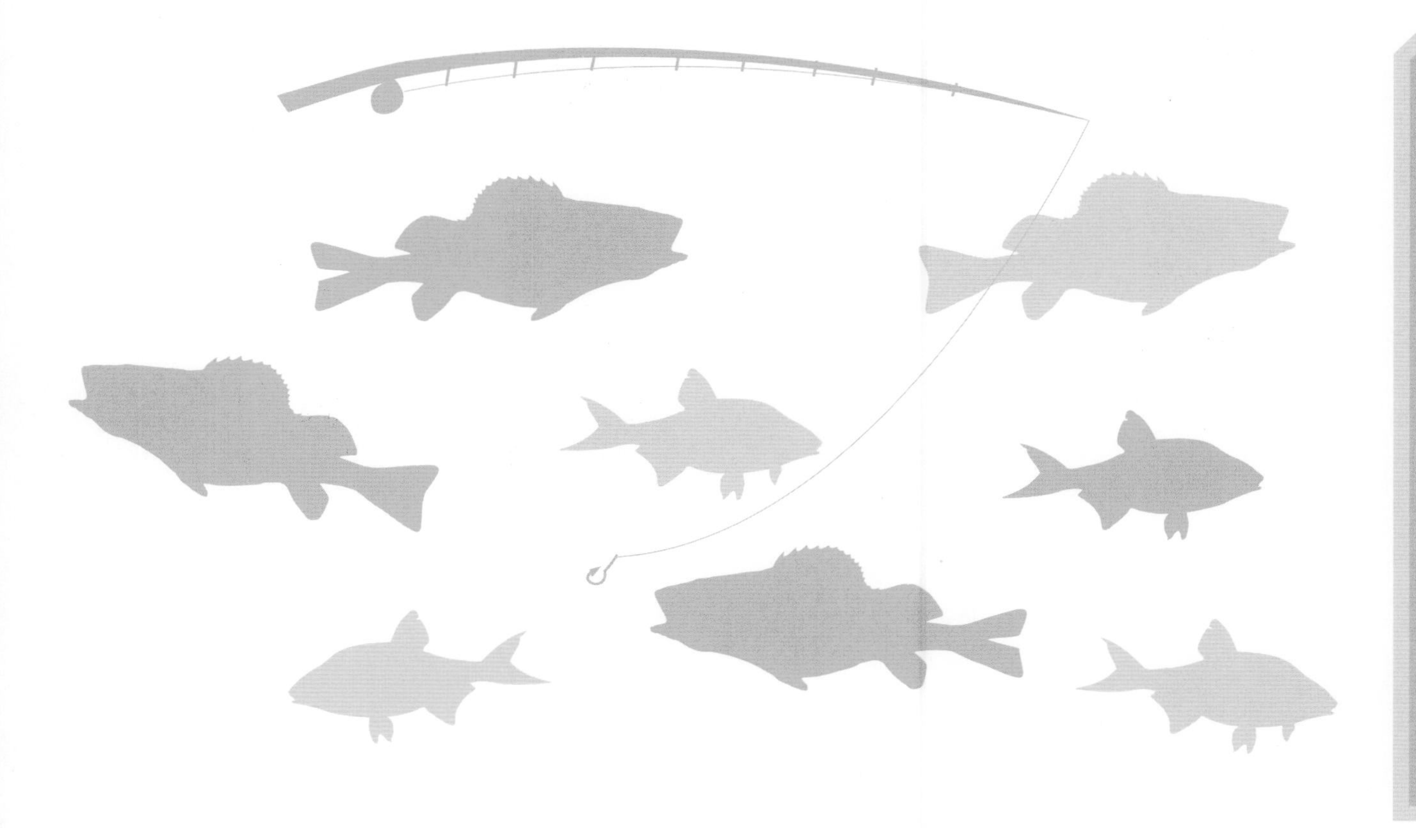

割鳍弃鲨

由于人们对鱼翅的过分追捧，鲨鱼成为一个受到过度捕捞威胁的物种。对于鲨鱼的捕杀是非常残酷的：渔夫会直接从活着的鲨鱼身上割下鱼鳍。而被割掉鱼鳍的鲨鱼会被重新抛入海中，它会径直沉到海底，毫无生还可能。这种做法被称为“割鳍弃鲨”。据世界自然基金会（WWF）估计，每年有7300万鲨鱼遭到毒手。鲨鱼位于海洋食物链的顶端，因此，它的消失将产生灾难性的影响。

这些形状千奇百怪的贝壳实际上是腹足纲动物的外壳。腹足纲动物是主要生活在海洋中的软体动物，它们的体外包裹着一块完整的贝壳。这些无脊椎动物通过一只肌肉发达的足来移动。它们还拥有一条粗壮的齿舌，上面布满了细密的牙齿。

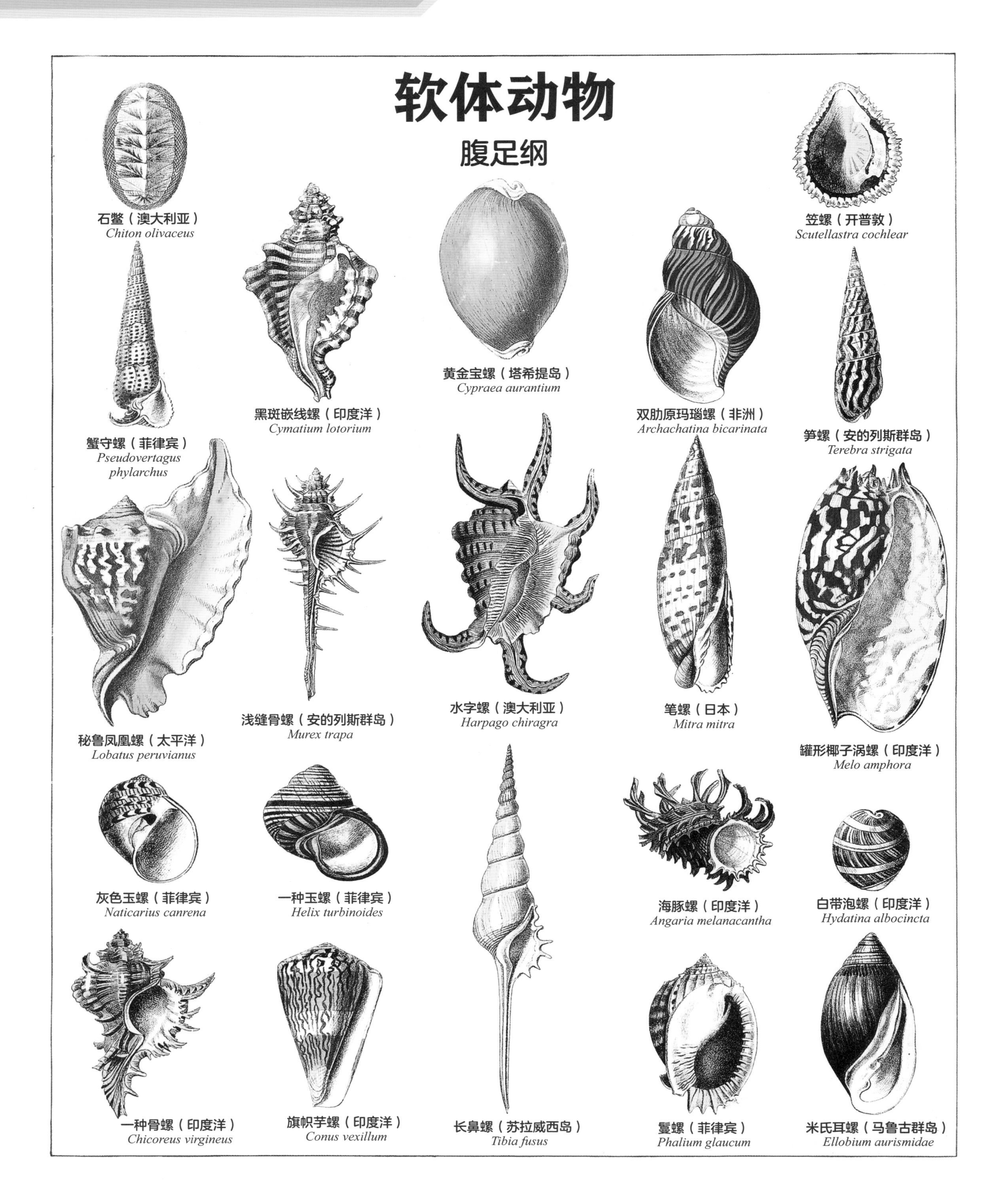

腹足纲动物的足上有足腺。

幻想博物馆

下图剪影中的 3 种贝壳在现实世界中并不存在，它们都是由上一页博物画中的几种贝壳拼接而来的。请仔细观察，在横线上写出原贝壳的名字。

A ……………………

……………………

B ……………………

……………………

C ……………………

……………………

海藻丛里捉迷藏

有 7 只双肋原玛瑙螺藏在了海藻丛里，你能把它们找出来吗？

美丽的杀手

看到贝壳，人们会联想到异国风情、白色沙滩，甚至是假期。但事实上，以旗帜芋螺为代表的部分贝壳是可怕的猎食者。它们会一动不动地等待猎物，然后突然用尖利的牙齿将自身毒腺分泌的毒液注入猎物的体内，使猎物陷入瘫痪，再杀死它们。因此，在海中冲浪或是游泳的人应格外提防这些美丽的杀手。

甲壳亚门（已知 30 000 多种）和蛛形纲（已知 50 000 多种）都是无脊椎动物。它们同属节肢动物门，身体外包裹着有分节的外骨骼。它们的外壳通常由一种叫作甲壳质的物质构成。随着体形逐渐变大，原有的外壳变得太小了，它们便会从中脱出，这一现象被称为蜕壳。

甲壳亚门和蛛形纲

甲壳亚门是节肢动物门的一支，甲壳亚门的动物通过鳃呼吸，几乎全部生活在水中。蟹、虾（龙虾、螯虾等）以及鼠妇都是甲壳亚门的一员。

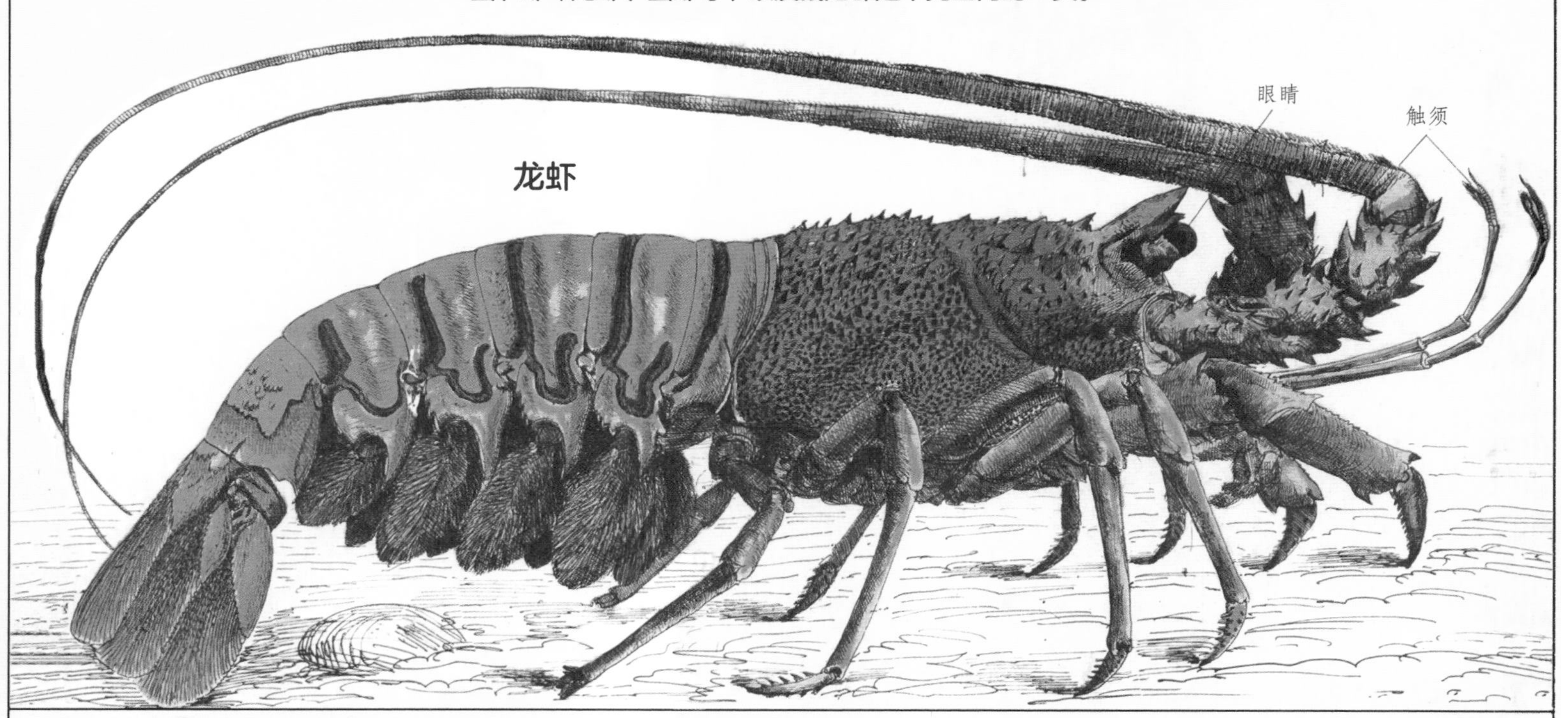

蛛形纲是节肢动物门的一支。蛛形纲动物有 8 条腿，它们的头部和胸部是连在一起的。它们通过肺和气管呼吸，而不是鳃。蜘蛛和蝎子都是蛛形纲动物。

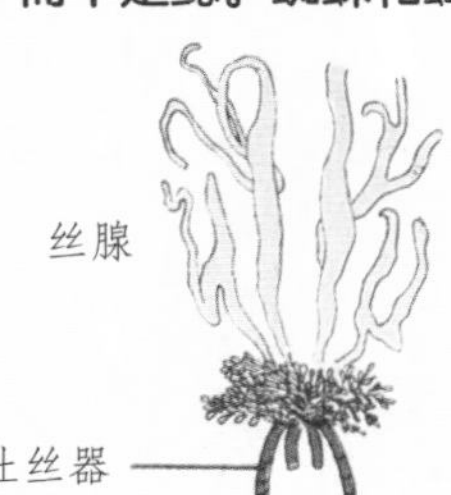

蜘蛛有独特的腺体，它会分泌一种液体，这种液体一遇到空气便凝结成蛛丝。蛛丝的用途很多，可以用来织网或筑巢，还可以用来保护自己的卵。

蜱螨目是蛛形纲的一支。蜱螨目动物体形非常小，几乎都是人和其他动物身上的寄生虫。

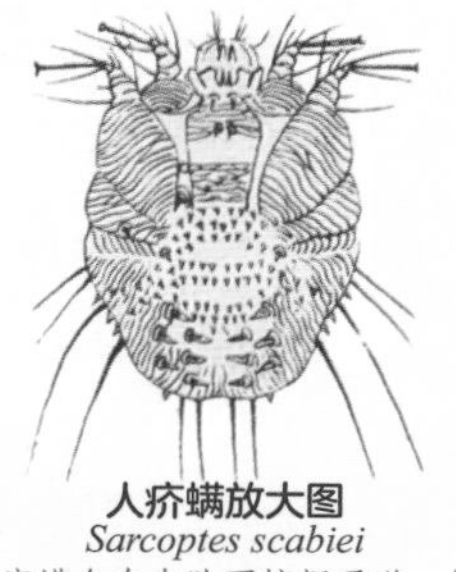

人疥螨放大图
Sarcoptes scabiei
人疥螨会在皮肤下挖掘通道，导致皮肤表面出现水疱，这是一种名为疥疮的皮肤病的典型症状。

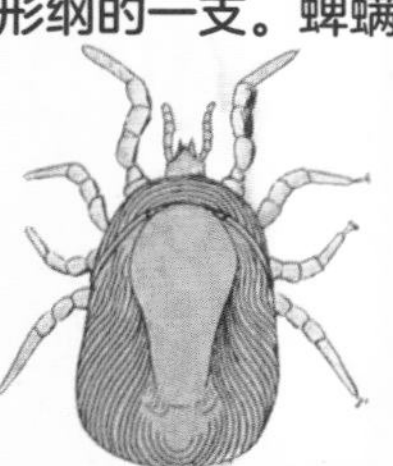

鸡皮刺螨放大图
Dermanyssus gallinae
鸡螨会在夜晚叮咬鸡，导致它们消瘦甚至死亡。

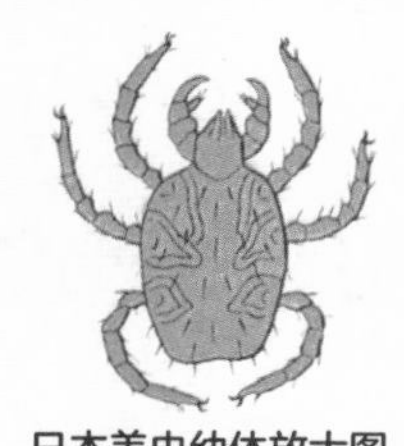

日本恙虫幼体放大图
Leptus autumnalis
日本恙虫会钻进人和其他动物的皮肤下，引发难以忍受的瘙痒。

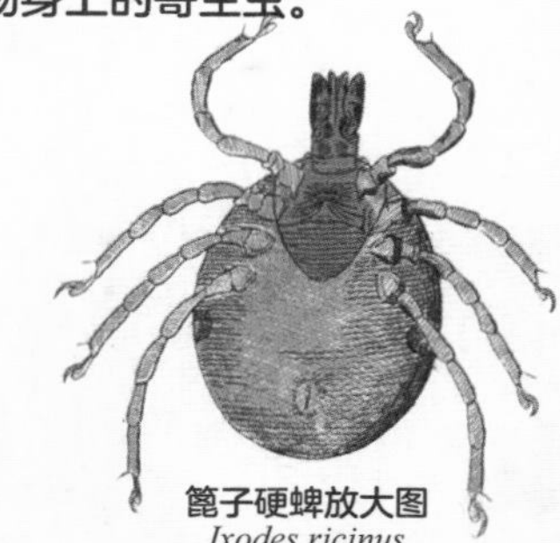

篦子硬蜱放大图
Ixodes ricinus
蜱虫会紧紧咬住人和其他动物的皮肤来吸血。

蜘蛛有 8 条腿，昆虫则有 6 条腿。

龙虾拼图

请用书后的贴纸拼出一只位置端正的龙虾。

螨虫大乱斗

下图中有 3 只日本恙虫、5 只人疥螨和 6 只篦子硬蜱。
请为恙虫涂上红色，为疥螨涂上绿色，为蜱虫涂上蓝色。

监督捕鱼

龙虾因其鲜美的肉质而成为餐桌上的一道佳肴，它也因此遭到密集的捕捞。为此，人们采取了相应的保护措施，让龙虾能够重新繁衍后代。今天，人们已经设立了许多保护区，在一年的大部分时间里禁止捕鱼，也禁止捕捞太小的个体。龙虾在夏天迎来交配期，每只雌性龙虾根据个头大小不同，产卵数量也从 300~1000 个不等。等到新年年初，龙虾幼体便会破壳而出，但它们直到 5~6 个月后才会显现出龙虾的样子，完全成熟更是要等到 4 岁左右。人们尚不清楚龙虾在野生环境下究竟能活多久，但这点可能非常重要。

在花园中生活着很多益鸟。它们以昆虫为食，为农夫消灭了可能危害植物的害虫，如白鹡鸰捕食软体动物和昆虫，鹪鹩捕食蜘蛛、昆虫及其幼虫……

新疆歌鸲的歌声不仅美妙，还是世界上最复杂的声音之一。

开饭了

请按从 1 到 100 的顺序将图上的点连接起来，就能得到你要喂养的鸟啦！
用画笔或是书后的贴纸在盘子里放上昆虫，给这些饿坏了的小家伙享用吧。

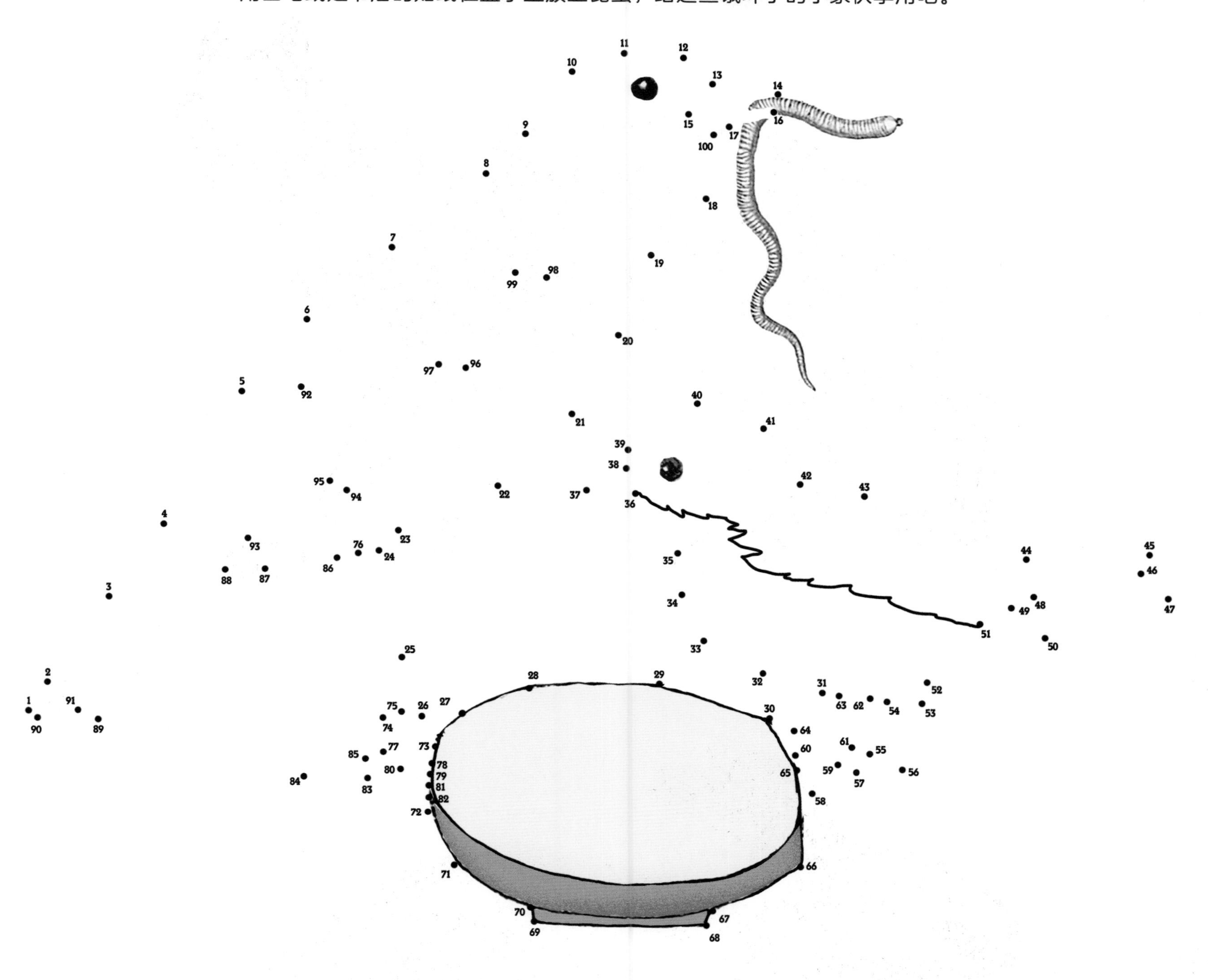

制作温暖的鸟巢

需成年人在旁指导

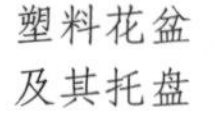
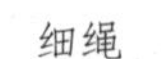

塑料花盆及其托盘　细绳　剪刀　强力胶　用来装饰的树叶和树皮　防水胶带

❶ 将细绳穿过花盆底部的洞，在顶端打结，这样就可以把鸟巢挂起来。

❷ 在离花盆底部 5 厘米的花盆壁上开一个直径为 3 厘米的圆洞，这是鸟儿进入鸟巢的门。

❸ 在花盆托盘上扎一些小洞用来排水。

❹ 将强力胶涂在倒扣的托盘上，然后把它和花盆口的边缘粘在一起，鸟巢的底部就做好了。

❺ 你可以在鸟巢上粘上羽毛、干花、枯叶或是松果作为装饰。用胶带将树皮粘在鸟巢顶端，这样下雨天巢中的鸟儿就不会被淋湿了。

鸟儿喜爱的花园

为了将益鸟吸引到花园里来，让它们帮你消灭烦人的蛞蝓、蜗牛、毛虫等，你可以在春天安放鸟巢供它们居住，在冬天设置喂食器帮助它们顺利越冬。

骨骼能够支撑身体，还能帮助身体运动。骨骼由很多块骨头组成，它们保护着体内的器官。骨头与骨头之间由关节相连。通过观察骨骼，我们可以知道骨骼的主人的饮食结构、运动方式等信息。

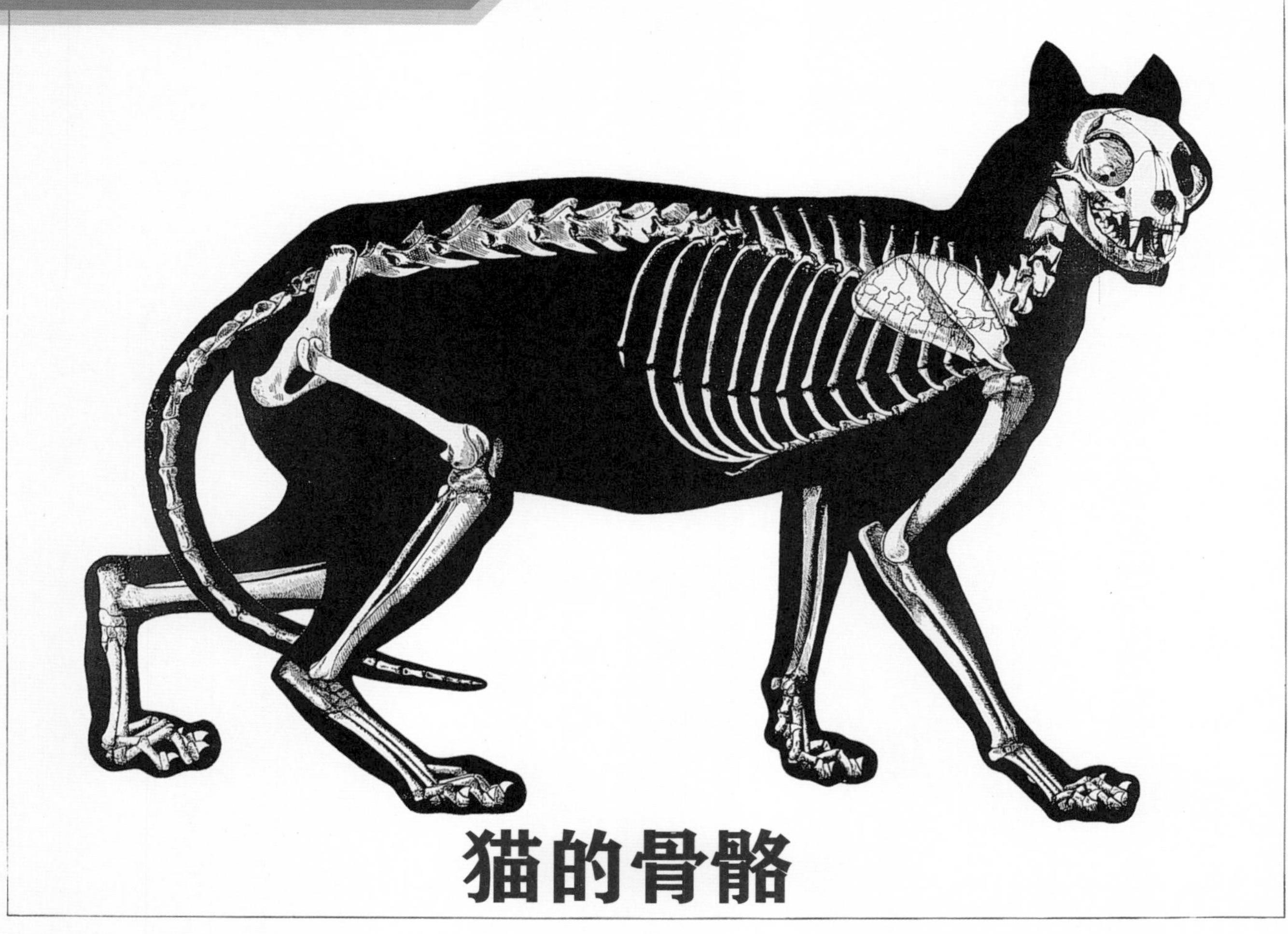

猫全身有 230 块骨头。

不速之客

有人在这幅猫的骨骼图上添加了 13 根实际并不存在的骨头，请用黑笔把它们涂掉吧。

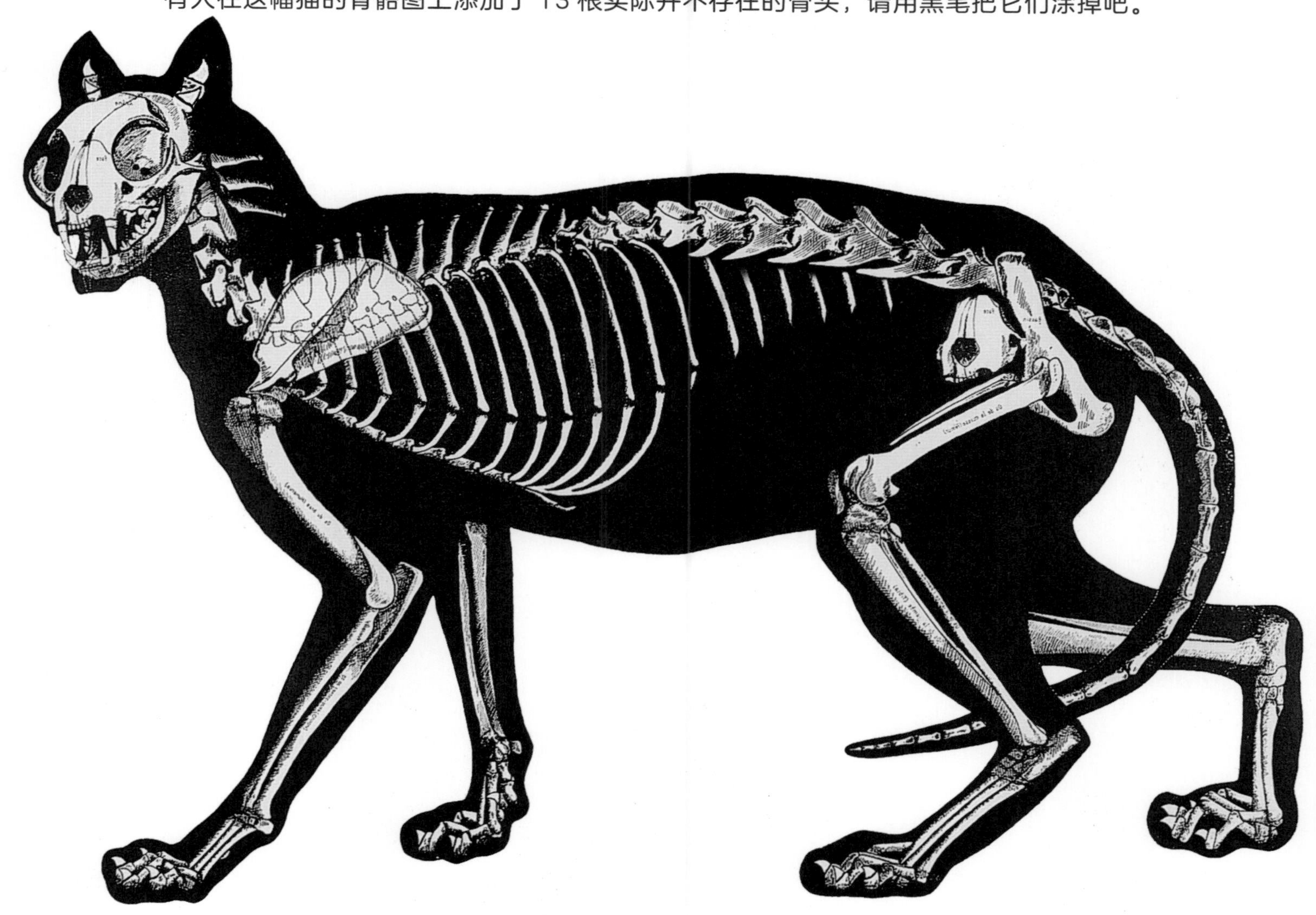

贪吃的小兔

这只贪吃的小兔先是啃掉了胡萝卜的根，然后吃了一点中心部分，最后吃掉了胡萝卜的叶子。
在它吞掉整个胡萝卜之前，农夫及时赶到把它撵走了。
请问以下 5 根胡萝卜中，哪一根是小兔吃的那根呢？

看牙啦

兔子的下颌相当长，牙齿宽大而稀疏，这表明它是食草动物。兔子的臼齿又多又发达，可以方便地磨碎食物。兔子还有门齿，它们在兔子一生中都会不断生长。猫是食肉动物，这点也可以从它的牙齿上看出来。猫的牙齿有 4 种，用来将生肉切断、碾碎：12 颗门齿；4 颗有力的锥形犬齿组成獠牙；前臼齿用来将生肉切断；大臼齿负责将生肉彻底碾碎。

虎皮鹦鹉、凤头鹦鹉、吸蜜鹦鹉和金刚鹦鹉都属于鹦形目。它们不仅聪明伶俐，有些甚至可以模仿人类说话，再加上它们绚丽多姿的外表，使得它们在宠物市场上大受欢迎。

鸮鹦鹉在毛利语中被称为“夜晚的鹦鹉”，是唯一一种不会飞的鹦鹉。

哪儿不一样

请仔细观察这两只金刚鹦鹉，找出它们的 7 个不同之处。

鸟儿也爱美

有些鹦鹉以其可活动的羽冠闻名，请为以下 3 种鹦鹉补全它们的羽冠。

蓝色警报

琉璃金刚鹦鹉正面临极大的危机。首先，随着农业的发展，人们为了增加耕地面积而大量砍伐树木，琉璃金刚鹦鹉的栖息地因此遭到严重破坏。其次，人们出于市场需求对琉璃金刚鹦鹉展开捕杀，使其数量锐减。最后，琉璃金刚鹦鹉还要和其他鸟类争夺岩石中的天然洞穴，这也是一大威胁。为了保证这一物种的延续，人们展开了保护行动，如建造人工鸟巢，或是从巢里带回多余的幼鸟进行人工饲养，防止它们饿死。

瓢虫、萤火虫、金龟子……这些你熟悉的昆虫都是鞘翅目昆虫。它们坚硬的鞘翅保护着虫体和后翅。它们遍布世界各地，除了极地地区和海洋。直翅目昆虫擅长跳跃，如蝗虫、螽斯等。它们的翅膀多平直。

昆虫

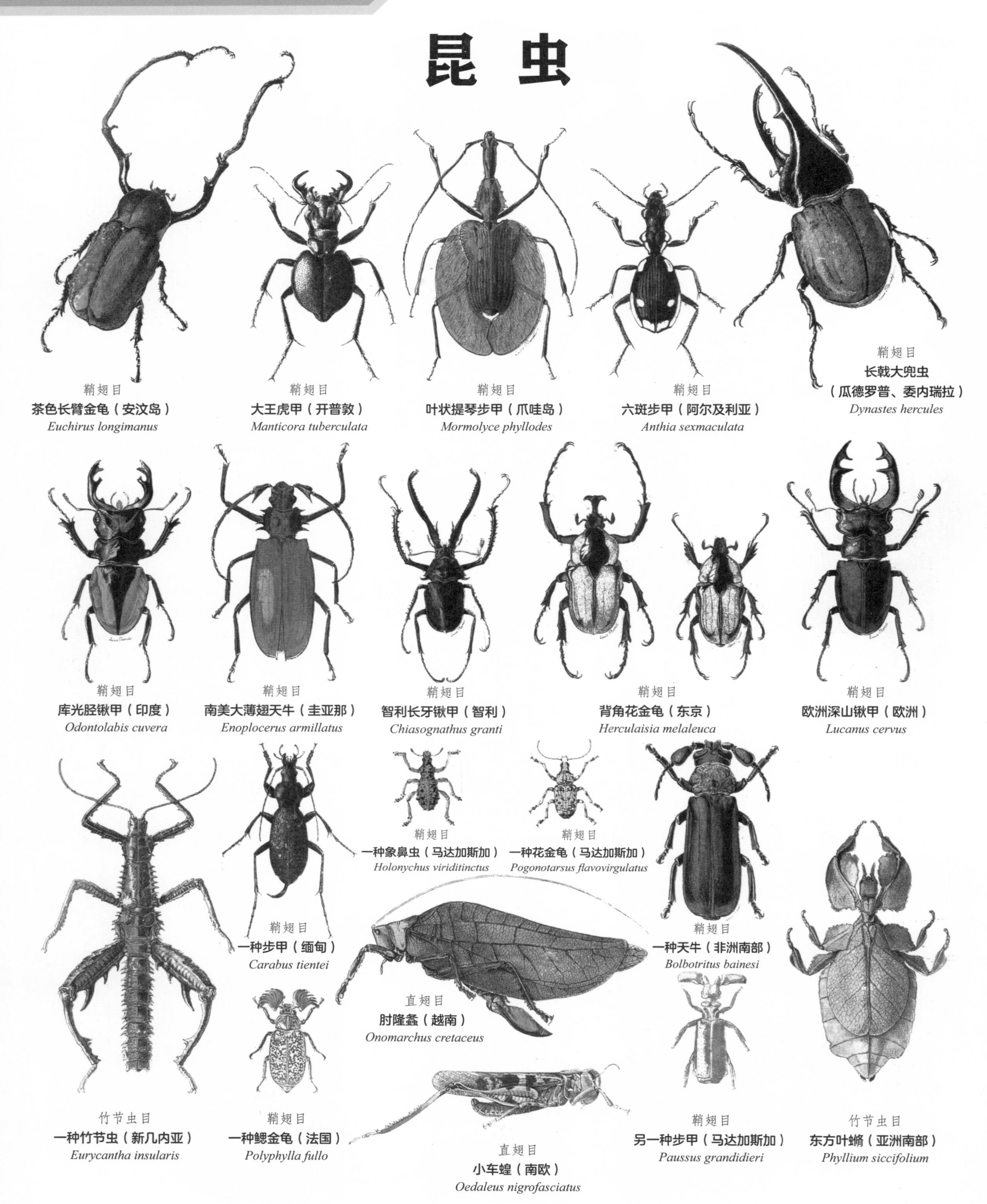

大多数昆虫的一生会经过 4 个阶段：卵、幼虫、蛹、成虫。

爸爸妈妈在哪里

帮助左上角这只迷失在马达加斯加森林里的象鼻虫找到它的家人吧。

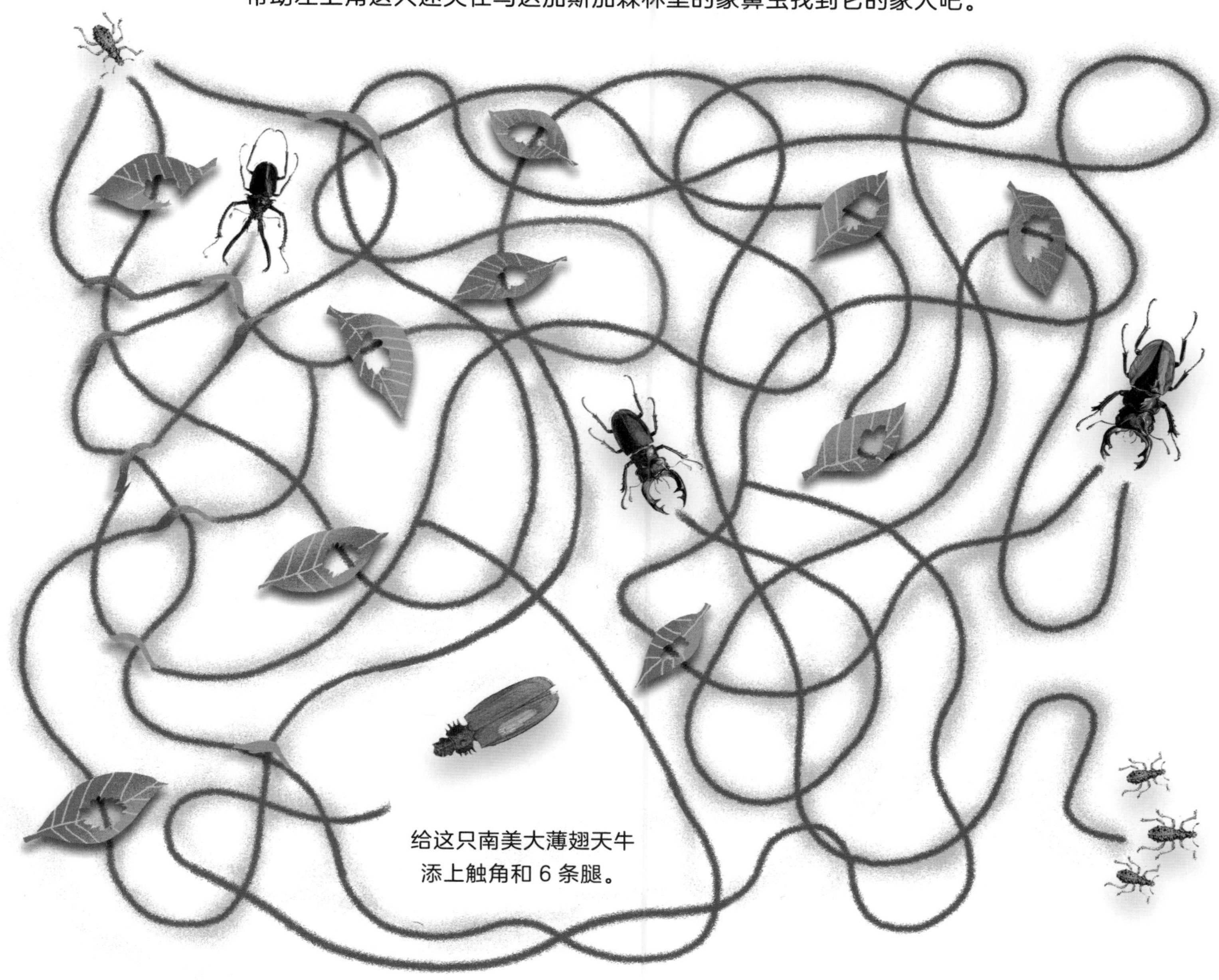

雌雄有别

请根据上一页的博物画，在图中空白处画出雌性背角花金龟的样子。

没东西吃了

在鞘翅目中，有相当一部分昆虫为植食性昆虫，它们不仅会从活着的树木上汲取营养，还会以死树的树枝、树干和树根为食。近年来，人们发现这类昆虫的数量大幅减少，这主要是由于死去的树木越来越难找到。这些昆虫在森林的生态系统中扮演了重要的角色。为了让生态系统恢复平衡，各种组织都在努力防止风暴或火灾后的森林清理，阻止在密集采伐的私人森林中拔除老树。

猛禽是掠食性鸟类的统称，它们通过钩状的喙和强有力的利爪捕食各种小动物，无论这些动物是死是活。猛禽拥有非凡的视觉和出色的嗅觉，这在它们狩猎时非常有用。猛禽的活动时间不一，有的在白天活动，有的在夜晚活动。

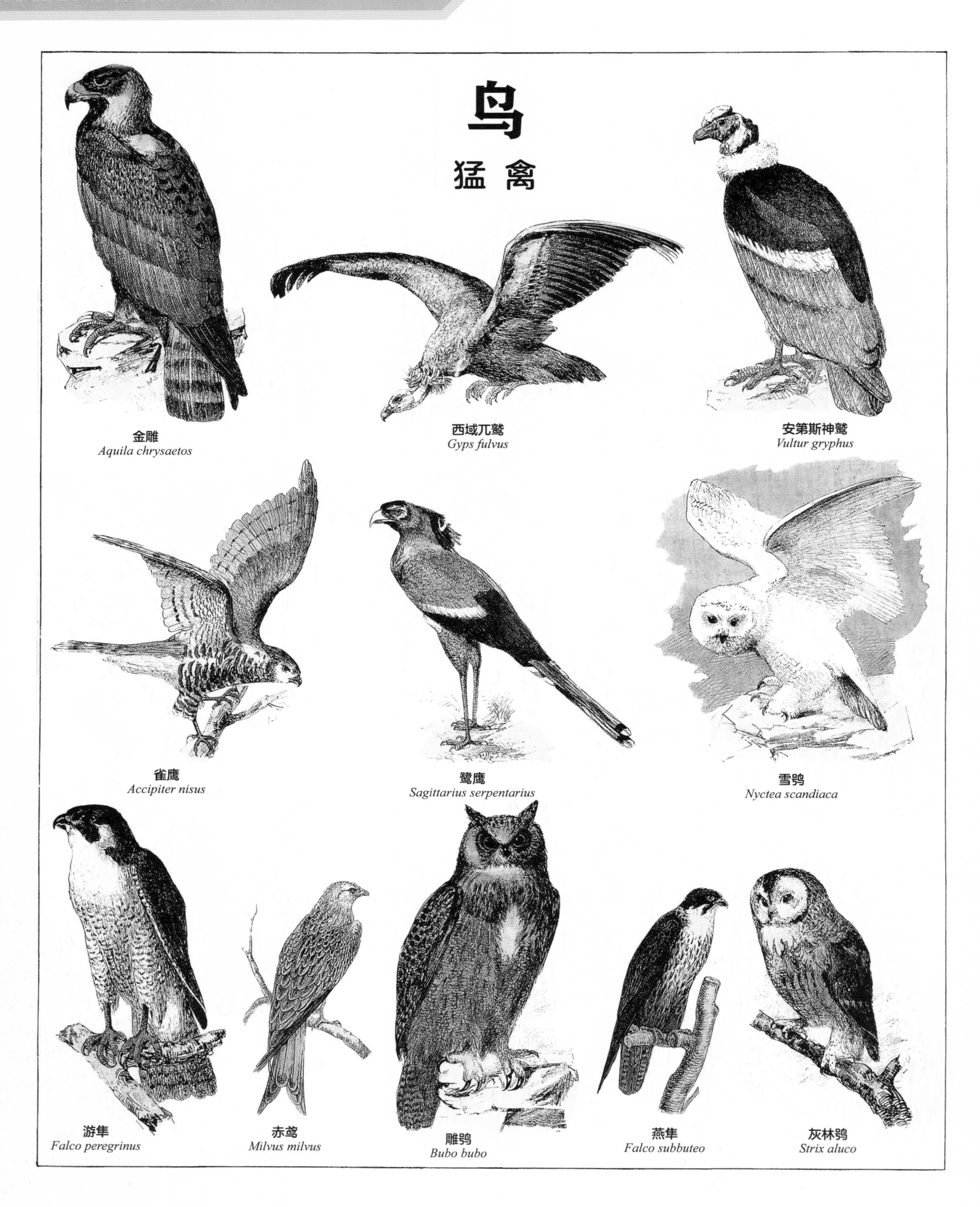

西域兀鹫和安第斯神鹫都以已经死亡的动物为食，它们也被称作食腐动物。

欺骗性的影子

以下猛禽的剪影中只有 3 幅与上一页的博物画完全一致，请你找出它们，并写出所有猛禽的名字。

别搞错了

雕鸮

灰林鸮

雕鸮和灰林鸮是两种不同的鸟。我们可以通过一项体貌差异来分辨它们：雕鸮头顶上有羽冠，这不是耳朵，而是羽毛。羽冠的姿态会随着雕鸮的不同行为而发生变化：在它睡觉或飞行的时候，羽冠会垂下来；在它鸣叫或发怒的时候，羽冠会立起来。

如何救助猛禽

如果你遇到了一只受伤或虚弱的猛禽，请先戴上厚手套，然后小心地搬动它。用一块布盖住猛禽的头，让它看不到东西，但注意不要让它窒息。抓住两肩之间的背部把鸟儿拎起来，让翅膀紧贴身体。找一个大的纸箱把它装进去，记得在箱子上开一些透气孔。把纸箱放在安静昏暗、气温适宜的地方。注意，切勿给鸟儿喂水或喂吃的。立即联系当地动物保护部门，他们会告诉你接下来应该怎么做。

全程需有成人陪同

从夏末到初冬，你都能在树林和路边找到许多美味的菌类，如牛肝菌、喇叭菌……但你可要小心，不要把毒菌和食用菌混淆了，食用毒菌是非常危险的。在享用你的战利品之前，你最好先咨询一下药师。

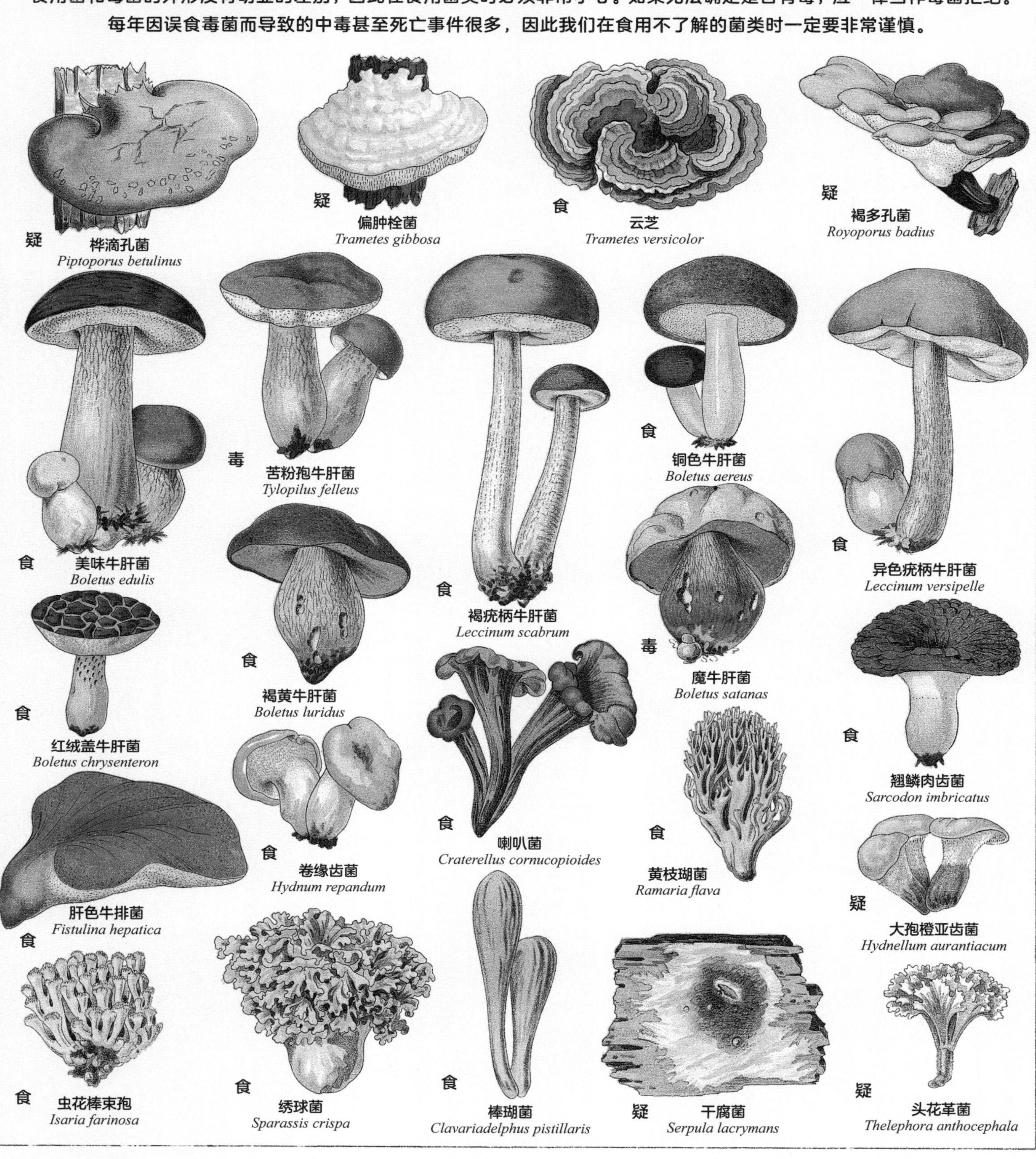

古希腊人认为，菌类是从闪电劈过的土地上长出来的。

我是谁

请仔细阅读以下描述并观察图片，将序号和对应的菌类名称填在横线上。
你还可以为它们涂上颜色。

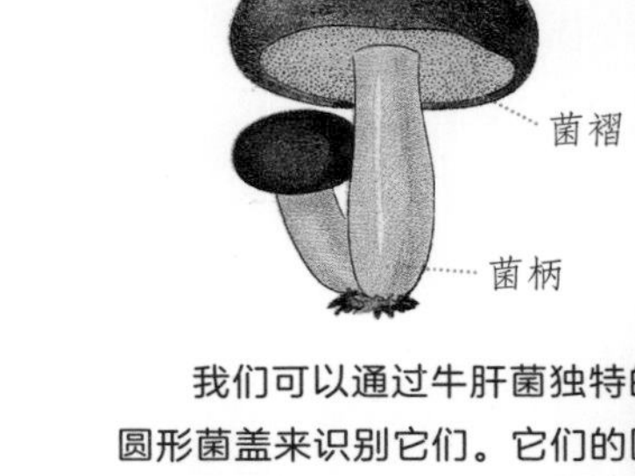

我们可以通过牛肝菌独特的圆形菌盖来识别它们。它们的圆形菌盖下不是一片一片的菌褶，而是密密麻麻的孔状，很容易就能撕下。此外，牛肝菌粗大的菌柄基部没有菌托。

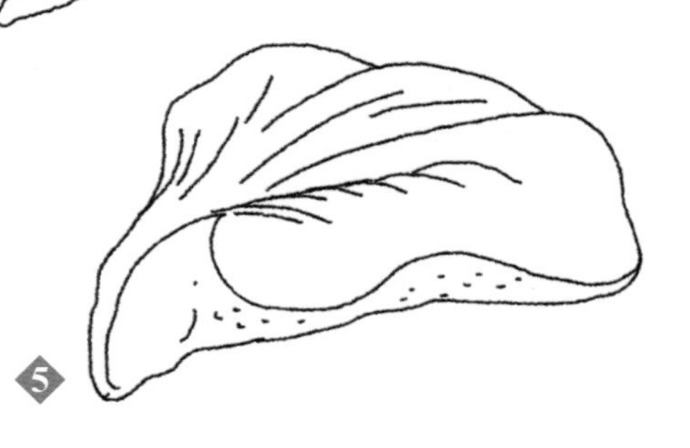

- 我有着深棕色的菌盖，但我的菌肉和菌柄是白色的。我是4种最出名的牛肝菌之一。从夏末到初冬，你可以在法国南部的栎树林中找到我。
- 我的菌盖直径从5~15厘米不等，是浅棕色的，在天气干燥时会裂开。我的菌柄长3~15厘米，是灰白色的，形状细长。从6月~11月间，我生长在针叶树或阔叶树脚下的酸性土地上。
- 我橙红色的菌柄和身上的小孔让人们一下就能认出我来。我是欧洲最大的牛肝菌，菌盖直径能达到30厘米。我在秋天生长在法国南方阔叶树脚下的石灰质土地上。
- 我是红褐色的。下雨天我会显得黏糊糊的。我是少数长在树（栎树或栗树）上却不像木头一样硬的真菌。我会在秋天从树的裂缝或是树洞中探出头来。
- 我的外形像漏斗。我是灰黑色的，身长一般不超过10厘米，因此人类很难发现我。尽管外形不佳，但实际上我是一种美味的菌类。从8月~11月间，我会数十个甚至数百个一起从阔叶树脚下长出来。

◇ ………… ◇ ………… ◇ ………… ◇ ………… ◇ …………

小心毒蘑菇

以下 3 张图中，哪一张图中的菌类是有毒的？

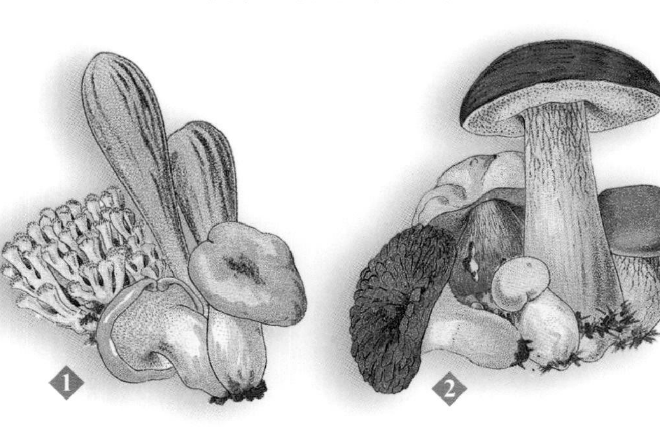

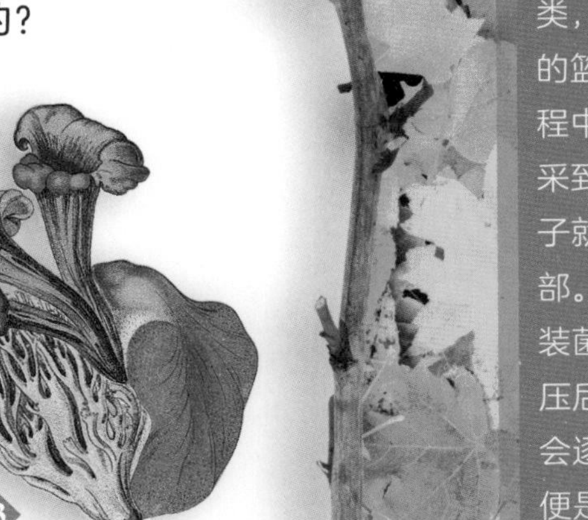

采菌类的小篮子

如果你要去采摘菌类，请带上一个底部平坦的篮子，以免在采摘的过程中碰坏它们。你需要将采到的菌类倒置，这样虫子就会往上爬到菌类的根部。绝对不要用塑料袋来装菌类，否则它们相互挤压后浸泡在汁液中，最后会逐渐腐烂，这样一来即便是可食用的菌类也可能让人体中毒。

全程需有成人陪同

参考答案

马　科

在牧场

挽马：❶布洛涅马；❷贝尔修伦马；❼弗拉芒马；❽阿登马

乘马：❺英国纯血马；❻阿拉伯马；❾柏柏尔马

既不是挽马也不是乘马的：❸骡子；❹驴

乳制品

发愁的农夫

1.从A奶罐中倒出5升牛奶至B奶罐；

2.从B奶罐中倒出1升牛奶至C奶罐；

3.从C奶罐中倒出1升牛奶至A奶罐

动物俗语

❶牛犊；❷亡羊补牢；❸宰牛刀；❹羊头；❺羊毛；❻牛头

水　果

时令水果

秋季：李子、苹果、胡桃、梨等；

冬季：柠檬、橙、香蕉、菠萝等；

春季：草莓、樱桃等；

夏季：无花果、桃、杏等

水果家族

柑橘类水果：柠檬、橙等；

红色的水果：樱桃、草莓、红茶藨子等；

浆果类水果：红茶藨子等；

核果类水果：樱桃、桃、杏等；

仁果类水果：梨、苹果、无花果等；

不是中国原产的水果：草莓、菠萝、番石榴等

叶，花

叶子配对

哺乳动物（灵长目）

香蕉去哪儿了

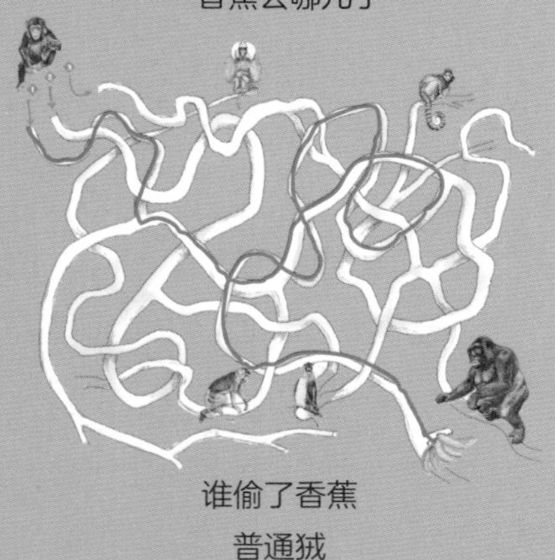

谁偷了香蕉

普通狨

木　材

七巧板

连连看

杨木→桌子；榉木→工具；梨木→小提琴

哺乳动物（鲸下目和鳍足亚目）

1，2，3……开始

食用类植物

收获季来了

❶救荒野豌豆；❷鹰嘴豆；❸兵豆

看谁算得快

A=25；B=25+20=45；C=200/10=20；D=200

糖

算算有多重

1个梨=6 x 20 = 120克，1个橘子=120 ÷ 2 = 60克

有几块小方糖

24块

饮用类植物

穿越迷宫

猜猜我是谁

❶茶；❷热巧克力；❸咖啡

绿色，英国，蛋糕，流传，玛雅人，下午茶，甜美，孩子们，早餐，提神，浓郁的，牛奶，令人兴奋的

鱼 类

钓鱼啦

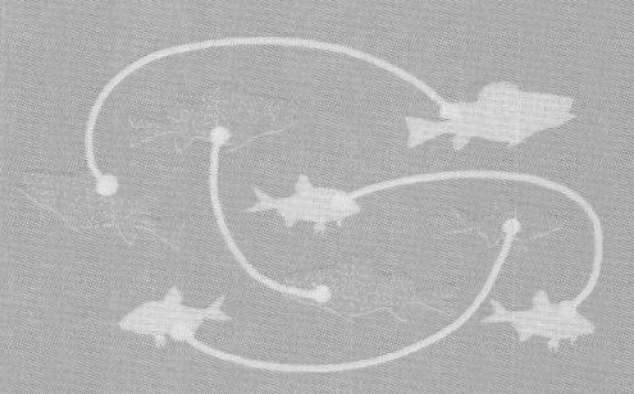

软体动物（腹足纲）

幻想博物馆

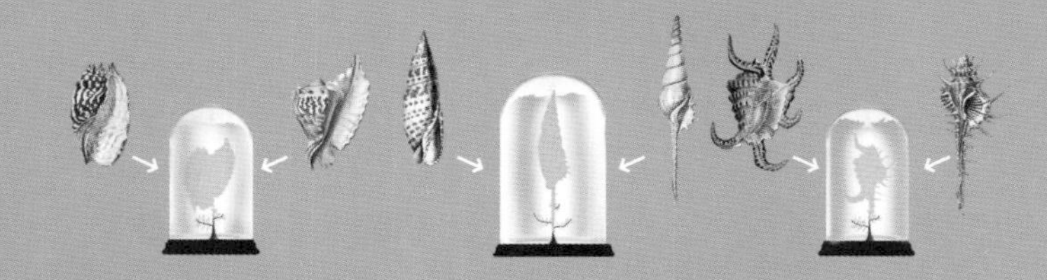

A罐形椰子涡螺+秘鲁凤凰螺；B笔螺+长鼻螺；C水字螺+浅缝骨螺

海藻丛里捉迷藏

甲壳亚门和蛛形纲

螨虫大乱斗

益 鸟

开饭了

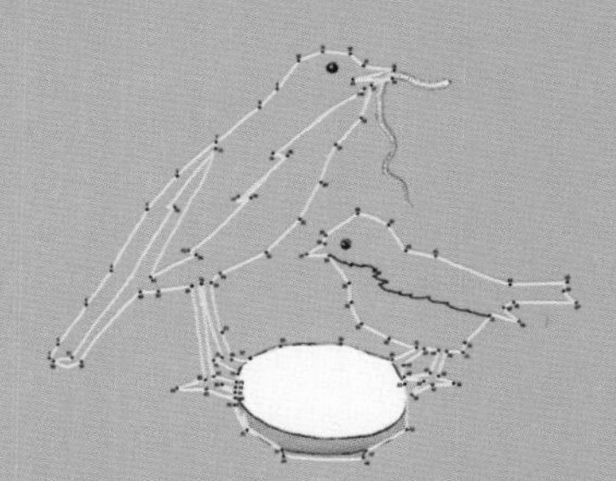

猫的骨骼，兔的骨骼

不速之客

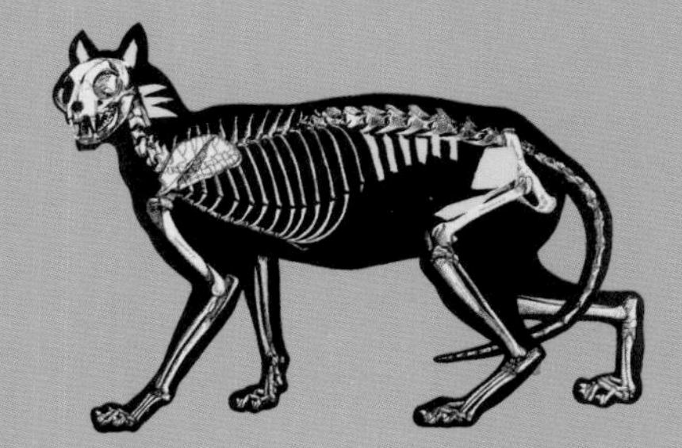

贪吃的小兔

鸟（鹦形目）

哪儿不一样

昆 虫

爸爸妈妈在哪里

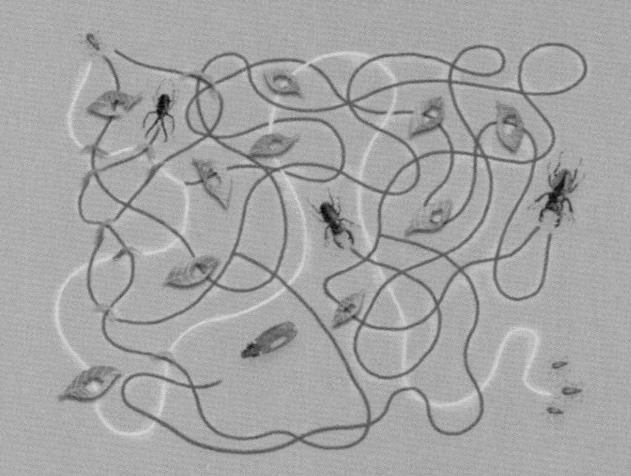

雌雄有别

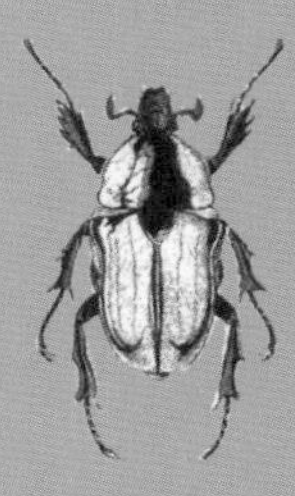

鸟（猛禽）

欺骗性的影子

燕隼

雪鸮

灰林鸮

西域兀鹫

鹭鹰

安第斯神鹫

赤鸢

菌 类

我是谁

1铜色牛肝菌；2苦粉孢牛肝菌；4魔牛肝菌；5肝色牛排菌；3喇叭菌

小心毒蘑菇

图2的魔牛肝菌是不可食用的毒菌。

图书在版编目（CIP）数据

戴罗勒自然科学课（全2册）/ 法国戴罗勒之家著；
马由冰译. -- 福州：海峡书局, 2022.1
ISBN 978-7-5567-0874-1

Ⅰ. ①戴… Ⅱ. ①法… ②马… Ⅲ. ①自然科学－少
儿读物 Ⅳ. ①N49

中国版本图书馆 CIP 数据核字 (2021) 第193267号

Author: Deyrolle
Title: Le Grand livre d'activités Deyrolle volumes 01 et 02

著作权合同登记号 图进字13-2021-080

出 版 人：林　彬
选题策划：北京浪花朵朵文化传播有限公司
出版统筹：吴兴元
编辑统筹：彭　鹏
责任编辑：廖飞琴　魏　芳
特约编辑：常　瑱
营销推广：ONEBOOK
装帧制造：墨白空间・郑琼洁

戴罗勒自然科学课（全2册）
DAILUOLE ZIRAN KEXUE KE (QUAN LIANGCE)

著　　者：法国戴罗勒之家
译　　者：马由冰
出版发行：海峡书局
地　　址：福州市白马中路15号海峡出版发行集团2楼
邮　　编：350001
印　　刷：天津市豪迈印务有限公司
开　　本：787mm × 1092mm 1/8
印　　张：12
字　　数：120千字
版　　次：2022年1月第1版
印　　次：2022年1月第1次
书　　号：ISBN 978-7-5567-0874-1
定　　价：138.00元（全2册）

读者服务：reader@hinabook.com 188-1142-1266
投稿服务：onebook@hinabook.com 133-6631-2326
直销服务：buy@hinabook.com 133-6657-3072
官方微博：@浪花朵朵童书